U0577058

记忆是想象的橱柜、推论的宝库、

良心的国籍和思想的智囊室。

——圣·巴希奥

提高你的
记忆力

李志鑫 编译

光明日报出版社

图书在版编目（CIP）数据

提高你的记忆力 / 李志鑫编译 . -- 北京：光明日报出版社，2012.1
（2025.4 重印）

ISBN 978-7-5112-1876-6

Ⅰ. ①提⋯ 中国国家版本馆 CIP 数据核字 (2011) 第 225311 号

提高你的记忆力

TIGAO NI DE JIYI LI

编　　译：李志鑫

责任编辑：李　娟　　　　　　　　　责任校对：文　朔
封面设计：玥婷设计　　　　　　　　责任印制：曹　净

出版发行：光明日报出版社
地　　址：北京市西城区永安路 106 号，100050
电　　话：010-63169890（咨询），010-63131930（邮购）
传　　真：010-63131930
网　　址：http://book.gmw.cn
E - mail：gmrbcbs@gmw.cn
法律顾问：北京市兰台律师事务所龚柳方律师

印　　刷：三河市嵩川印刷有限公司
装　　订：三河市嵩川印刷有限公司
本书如有破损、缺页、装订错误，请与本社联系调换，电话：010-63131930

开　　本：170mm × 240mm
字　　数：180 千字　　　　　　　　印　张：11
版　　次：2012 年 1 月第 1 版　　　 印　次：2025 年 4 月第 4 次印刷
书　　号：ISBN 978-7-5112-1876-6-02
定　　价：39.80 元

版权所有　翻印必究

前　言

PREFACE

"我的记忆力太糟了！"当我们良好的记忆力丧失之后，我们有时会非常沮丧，我们错失了机会。但是你真的曾经停下来去想如果你的记忆力真的糟透了，如果你除了现在什么也记不住，你的生命会是什么样子吗？如果你不能叫出你的名字、说出你的住址、你的朋友和家人，你如何和他人交谈、如何购物、做饭、写信、骑车、开车、学习、工作、庆祝或者其他？拥有糟糕记忆力的影响将是深远的，没有记忆的生活将是混乱的。

当然，记住每一件事也是一种伤害。一些事最好还是忘却，这样能使你从那些你希望永远都不要发生的糟糕的事情和每天都要面对的永无止境的琐事中解放出来。忘掉昨天的账单、上月的旅行安排以及在餐厅无意中听到的谈话，对你的健康是有益的。太多的杂乱信息会使得我们变得疯狂——这没有丝毫的意义。没有忘记的能力，我们的存在将像一个无尽的黑夜。你现在明白了，我们都要忘记一些特定的事情并记住另一些事情。

一般来说，只要脑部没有损伤，就不会有糟糕的记忆。你的记忆力可能在某些方面很出众而在另一些方面比较差。那么，哪方面差，你就可以提高哪方面——不论你年纪多大。在明白了你的记忆是如何工作之后，你可以使它的效能达到最大化，从而提高你的工作业绩或学校表现，并获得个人的成功。《提高你的记忆力》是一本互动的引导书，它能让你开始你梦寐以求的记忆旅程。我们简单地开辟了一片新的领域去接近理解有关你记忆的每一件事，你需要将它的效力达到最优。

你将发现问题的答案，例如，我如何才能记住更多我想要记住的东西？记忆的极限在哪里？为什么有时想法会挂在嘴边却说不出来？记忆存在于哪里？什么是幻觉记忆？如何保证最佳的记忆效能？我们为什么会在听到一个人的名字几分钟后就忘记了？什么是错误记忆？压力、咖啡因、酒精和运动是如何影响我们的记忆的？合理的膳食能够提高记忆力吗？真的有所谓的前生记忆吗？为什么我无法记住更多童年的生活？为什么有些记忆被压抑着？随着年龄的增长我如何预测我记忆的变化？如果这类问题引起了你的好奇心，《提高你的记忆力》保证能够满足你求知的欲望，并同时提高你的记忆能力。《提高你的记忆力》是一种学习中的经历。你将会获得有关你的记忆是如何工作以及它为何有时会失灵等明确而实用的知识。

本书包含了在记忆研究领域最新的发现，它将给你带来完善的、全新的和容易理解掌握的记忆理念和记忆方法，以便你充分开发自己的记忆潜能。话题适时包含了记忆食品、神经营养和补充、锻炼你的记忆力、强化记忆效果、迷人的记忆现象、促进记忆力的方法以及如何防止因年龄原因导致的记忆力下降。当你读完这本书，你会掌握在学习之前你的记忆是怎样的，也许你将会开始一个丰收的历程。

目 录

C O N T E N T S

第一章

记忆力概述

一、记忆究竟是什么

记忆是一种生物过程，在这个过程中，信息被编码、重新读取，使人类个性化。在动物王国里，与众不同的东西是很重要的。它为人类参考过去提供了基点，也为人类的未来提供了一个标准。与个人的"记忆库"或存储单位的传统观念不同，记忆力不是个奇异独立的东西，更确切地说，它是通过多重感官通道刺激的、复杂的电气化学的反应，并且被存贮于独特、精密的大脑神经网络中。实际上，当新的信息被添加进来时，人的记忆力总是在不断地变化和发展着，在现今科技的帮助下，科学家们业已在绘制异常复杂的、被我们称为记忆流程图的工作中取得了重大进展。

知道记忆究竟是什么以及它怎样运作对于开发人类的记忆力很重要。首先，我们来看看记忆的类型。不知你曾经有没有注意过有些东西好记而有些东西难记？这是因为大多数人记忆的类型都是实力与弱点的综合。由于不同的记忆类型被存储在大脑各种功能不同的区域中，回忆往事这种行为将零碎的"记忆"分别从各自的存储地拼凑到一起。记忆力的形成需要特定的"路径"。记忆的形成取决于多个因素，基本要素包括时间、重要性、目的、内容、强度以及刺激源。每一个因素都会影响到人类记忆力的质量和可达性。

（一）记忆的类型

  记忆力最简单的分类与记忆时效或记忆的持续时间有关。例如，短时记忆和长时记忆。短时记忆也可使用瞬时记忆（通过感官获取信息，在神经系统里的相应部位保留下来的一种时间很短的记忆）和工作记忆等术语。瞬时记忆持续时间不足1秒。例如，电影就是利用人的视觉暂留这种瞬时记忆特性，把本来是分离的、静止的画面呈现在脑子里，成为连续的动作。或记住一个即将要在键盘上敲的足够长的单词时，短时间足已。工作记忆也被称作短时记忆，它能持续足够长的时间，例如，拨一串刚才你所看到的电话号码或在一次买卖中你一口说出应当被找多少钱。短时记忆能保留信息将近20秒，如果该信息被暗示或有意识地被重述的话，保留时间会更长。例如，你对泊车的地点的短时记忆，持续时间会比20秒长，因为醒目的标志像重复的暗示不断提醒你。在长时记忆中，被编码的信息可以被保留一生。一位90岁的老人能清晰地记着自己与配偶相遇的日期，此事在她脑海里保留着鲜活的记忆，仿佛就发生在昨天，足以显示了长时记忆的持久性和能力。

  另一种关于记忆的简单分类法是通过它被编码和读取的方式——自觉或本能的。同样地，记忆既是外在型（也被称作公开型）的，可通过有意识的努力达到；也是暗示型（也被称作未公开型）的，可以有机或自动地达到。外在记忆功能，比如学习拼写、命令、注意力、注视和练习回忆。大多在学校规定的学习内容都是外在型的。暗示型记忆功能，比如学习生火，这从另一个角度说，也代表了许多最初的记忆能帮人类保护自己，确保我们人类作为一个种类延存至今。

  两个外在记忆类型：语义型和插语型。

■ 语义记忆 包括了大部分

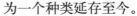

与完成任务有关的程序型记忆通过锻炼技能获得，如驾车。你拥有的技能中哪些要依靠程序型记忆呢？

的学校和职业知识。想法、事件、典型的考试问题，以及名字、日期、身份证号码、影视、图书、图片、广播和技术性的信息。语义记忆，这种我们记忆系统中最弱的部分，最近相对发展起来了。这种通过语言和联想引发的记忆类型，只有到了近代，书本、学校、文学及社会迁移变得重要之后，才得到了重视。

■ **插语记忆** （也被称作自传型）是由环境驱使的。将记忆作为一种提示，我们可以重新激活它。比如问你假期准备做什么，会提示你重新唤回记忆的片段，就像放电影一样，相关的事件、活动、感觉、面孔、地点会浮现出来并凝结成记忆。世界各个角落的民众是通过讲故事把他们的历史和价值观传给下一代人的。这是非常倚重插语记忆的。

四个暗示记忆的类型。程序型、反身型、感官条件型和情绪型。所有这些记忆类型进一步解释记忆的各种功能。外在型记忆与暗示型记忆的复合用闪光灯泡记忆来表示最恰当。

■ **程序型记忆** （也被称作机械记忆）包括习得的技巧，如捕鱼、骑车、驾车、系鞋带等。这种暗示型记忆表明了记忆任务是如何执行的。尽管程序型记忆被深植于行动中，但技巧逐渐使行动变得更自然。例如，当你骑上一辆自行车时，你不需要去考虑如何去骑。这种机能的记忆是自然发生作用的。

■ **反身型记忆**（也被称作应激反应）是人类生存的基本要素。这种暗示型的记忆路径及时并且本能地对信息进行编码、储存、重新提取。它最基本的功能是使我们远离伤害。比如，尽可能地使自己的手远离火炉；或者当一个人在你的眼前摆弄着一条蛇，你会大喊。恐怖的场景、刺耳的声音、强烈的感情，这些都可能成为反身型记忆伴随我们一生。那些经历可能会使我们一生都有某种恐惧症和持续的毫无道理的害

反身型记忆由强烈的感官刺激形成。例如，对真的或想象的蛇的恐惧，可以持续一生之久。你害怕什么呢？

感官条件记忆是记忆由特殊感官引起的信息。当闻到海水的气息时，你的大脑会产生哪种记忆呢？

怕。同样，当某种气味、场景、味道、歌声引发出一种核心的感触，这种反身型记忆也会形成一种强烈的感官记忆。例如，一个房子里面，炉子上炖着鸡汤，就会让我回忆起妈妈在我发烧、抑郁及患其他疾病时的照顾，以及那种温馨的感觉。尽管反身型记忆大多数情况下是在不知不觉的情况下形成的，我们仍然能通过不断地重复，通过抽认卡的学习方法进行训练。任何程序只要重复得足够多，都可以成为反身型记忆。

一个职业棒球手不用在挥棒之前去分析快速球，确切地说，他在日常训练中数不清的击球已经强化了他的反身型记忆。同样，伸出手去摇动某人的手是一种反身型的行动。下面的三种反身型记忆的亚类型经常被提到：感官条件记忆、感情记忆、闪光灯泡记忆。

■ 　感官条件记忆　　会通过特殊的途径到达大脑。例如：视觉记忆通过眼睛接收，转化为图像储存在大脑皮层上。既然这样，最好的重新提取它的方式就是通过视觉提示，或者图片、物体、符号、空间、脸孔及附在纸上的信息。一个关于视觉记忆很好的例子就是，当你看到一只相同品种的宠物时，你就会想起你小时候可爱的宠物。储存在听觉的大脑皮层上的记忆，最好是通过例如韵律、叮当声、双关语、离合诗、缩写词、词汇等重新提取。在韵律诗中，字母 i 在字母 e 之前除非是在什么字母之后？说明了你的听觉的感官条件作用。与之相关的，当你呼吸着大海咸咸的空气时，你的嗅觉感官条件在起作用。

■ 　感情记忆　（也被称作情绪型）因强烈的感官刺激而储存在大脑中的信息。从外伤到愉悦，这种直接的路径可以产生快速的知识。下面的两种清楚的记忆亚类型——语义记忆和插语记忆，代表了大部分我们在学校学到的知识和从日常生活经历中得到的知识。

■ 闪光灯泡记忆 对极端震惊事件的生动回忆，经常是存在于许多人的记忆中。比如"挑战者号"爆炸，或者严重的自然灾害。事件以一种生动的形象被记忆，就仿佛时间在那一刻冻结了。尽

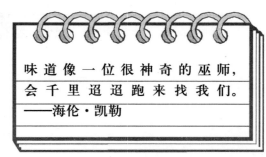

味道像一位很神奇的巫师，会千里迢迢跑来找我们。
——海伦·凯勒

管记忆会使我们的感情长时间保持着，但是长期的研究证明，细节上的准确性会慢慢地减弱。

（二）生活中的记忆

为了更好地认识上述的各种记忆类型，我们可以将一个生活中的早晨作为小说的章节。

杰西被从窗子透进来的阳光照醒，说明已经过了平时起床的时间（外在的，视觉记忆）。当他意识到闹钟坏了，他马上从床上跳了下来（反身型记忆）。为了报告停电，他找到了电力公司的电话号码，并在拨号之前重复了几遍（语义，工作记忆）。因为工作要迟到了，他打了脑子里记住的办公室电话（语义，长期记忆）。他查看了日历，看是否错过了什么约会（外在的，视觉记忆）。杰西不必经常停下来考虑如何准备他早晨的咖啡（暗示，程序型记忆）。但是今天他面临了电的问题，他无法使用电咖啡壶。他想起上周野营的时候买过速溶咖啡（插语记忆），这提醒他炉子是使用煤气的，不是电的（语义记忆）。杰西把茶壶灌满放在炉子上，当他听到沸腾声，他去拿茶壶，但是在碰到茶壶之前就把手缩了回来（反身型记忆，应激反应）。他很快地穿上了衣服，并开车去上班（暗示的，程序型记忆）。在办公室，他想起来下午要提交公司年度审计报告。杰西通读了一遍报告，并做出了一个提纲好记住它（外在的，语义记忆）。他想起总裁说过报告中最关键的部分是"公司的高增长率"（语义，听觉的／词汇记忆）。他做了一个"精神上的注释"（提示他的记忆）用来结束他的陈述。刚刚到上午 10 点，杰西就已经使用了多种记忆类型了。

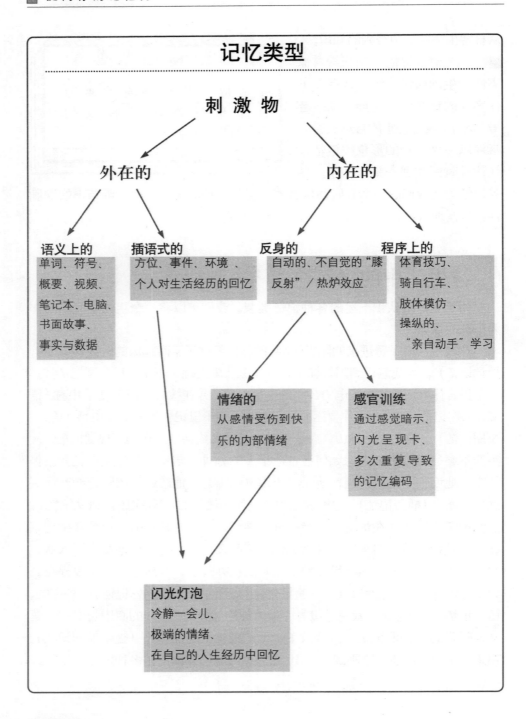

记忆类型

刺 激 物

外在的

内在的

语义上的
单词、符号、
概要、视频、
笔记本、电脑、
书面故事、
事实与数据

插语式的
方位、事件、环境 、
个人对生活经历的回忆

反身的
自动的、不自觉的"膝
反射"／热炉效应

程序上的
体育技巧、
骑自行车、
肢体模仿 、
操纵的、
"亲自动手"学习

情绪的
从感情受伤到快
乐的内部情绪

感官训练
通过感觉暗示、
闪光呈现卡、
多次重复导致
的记忆编码

闪光灯泡
冷静一会儿、
极端的情绪、
在自己的人生经历中回忆

记忆的剖析

■ 当大脑在突触之间建立连接的时候，记忆就形成了。

■ 传递信息的过程，从细胞体开始，从电到化学物质到电。

■ 记忆可能是在 DNA 的姊妹分子——信使 RNA 中被编码的。

■ 当信息通过突触时，mRNA 传递信息需要改变连接。

■ 结果，突触的强度发生改变，提高了未来神经细胞活动的可能性。

■ 记忆是在神经网络中，一定的突触活动模式的逐渐增加的可能性。

■ 记忆的形成需要很多神经细胞的参与。

■ 一起活动的神经细胞被绑在一起。

■ 复杂的记忆是建立在神经网络中许多基本要素的相互联系基础之上的。

■ 记忆不局限在大脑中某一特定区域。

■ 外在的记忆更可塑，内在的记忆更稳定。

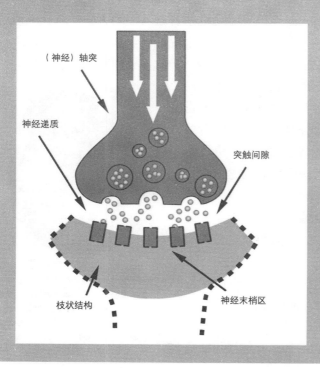

（神经）轴突

神经递质

突触间隙

枝状结构

神经末梢区

1. 当刺激从细胞体到达轴突。

2. 向突触间隙释放大脑的化学物质。

3. 另一个细胞表面的接收体被刺激和改变，编码完成。

二、记忆是怎样形成的

尽管我们中的大多数人会抱怨自己或者听说别人的记忆是如何不好，事实上我们的记忆是连续的强弱结合的过程。例如智力水平的多重性：一个人可能是一个出色的作家，但是在数学上却缺少悟性；我们可能在记人方面能力很强，却可能忘记带钥匙。要改善记忆的第一步，就是要认识到记忆的哪个方面是比较棘手的。因为记忆是沿着多重神经系统的路径得到储存的，所以有效的做法就是了解记忆是如何被编码、储存和重新提取的。一旦你了解了记忆过程中基本的形成规律，你就可以更明智地对待记忆。第三章到第五章介绍了如何去最大化增强我们的记忆，但是，还是先让我们详细地了解记忆产生的方法。

（一）记忆生命中的一天

当你读到这里，你的大脑正在将你的眼睛、嘴、耳朵、皮肤和鼻子捕捉到的大量信息进行分类。一旦这些刺激通过感官进入你的大脑，就立刻通过突触、蛋白质和电流的脉冲开始工作。举例来说，这页书上的这些字，正在沿着你的视觉神经传到它们最终的储存区域——枕骨里面的视觉大脑皮层。

然而，如果这些信息没有得到充分的注意，或者被认为没有长期记忆的必要，它仅仅会被编码应付短期之用，除非再进行分类，要不最终会被丢弃。编码的过程要考虑到情感的特性、价值观和信息的意义，也就是要考虑到信息与之前的知识的关系，要考虑到数据受到多大的重视。当一个经历被重新唤起，各种要素立刻会从大脑中储存它们的区域中被重新提取，进行组合，最终组成你的记忆。

随着 X 线断层摄影术以及其他透视设备的出现，科学家能够辨认出大脑中记忆不同功能特性的区域。

考虑一下，你昨晚吃的什么？你很可能会列

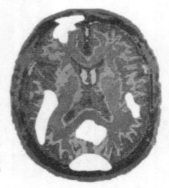

科学家使用神经成像装置，如正电子发射层析扫描图，能够检测出大脑发挥作用时被激活的区域。例如，当人看书时，正电子发射层析扫描图显示颞叶、顶叶及枕叶的一部分在发挥作用，即图中的白色区域。

出线索来帮助你回想，可能是特殊的环境，比如大多数的情况：哦，是的，我昨晚一个人在家。一系列的暗示刺激记忆链条中的各种要素：我本来想出去吃寿司，但是转念一想，还是决定读完我的小说，所以我在家吃的剩菜。你的记忆可能包括了感官的重新刺激。它可能会因为惊讶或者经历或者陪你在一起的人而得到提示。当你主动使用这些线索或提示的时候，这些线索或提示就称作暗示。改善你的记忆很大程度上就要依靠你对线索重新提取的有

记忆是如何形成的

1. 我们思考、感觉、改变、体验生活。

2. 所有的经历要在大脑中登记。

3. 大脑的结构和过程分析信息的价值、意义和有用程度并将它们排序。

4. 许多神经细胞被激活。

5. 神经细胞通过生物电流和化学反应将信息传递给另外的神经细胞。

6. 这些联系会通过重复、休息和情感得到加强，持续的记忆就形成了。

效程度。

（二）记忆编码

记忆形成的最初两个要素——编码和储存对于记忆的第三个要素——重新提取是非常重要的。如果编码的储存过程发生了错误，重新提取是不可能的。所以，我们现在来看一下这些记忆形成的早期阶段的重要性。因为记忆是储存在大脑中的网状结构中。所以你可以通过你自觉地想记住什么来改善你的记忆。这就是记忆术的基础——帮助记忆的策略。

你可以通过完成后面的短期记忆测验，来检验一下自己的记忆能力。

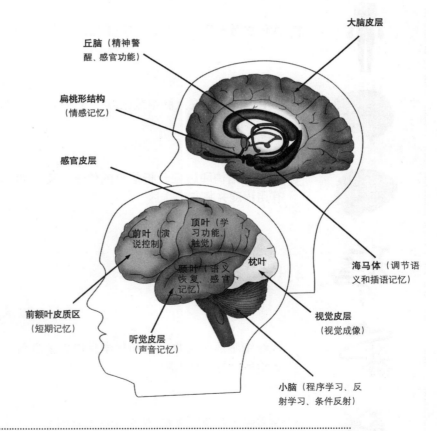

一段经历的点点滴滴储存在大脑的不同功能区域中。比如，一件事如何发生储存在视觉皮层，事件的声音储存在听觉皮层。同时，记忆的这两个方面还互相联系。

记忆测验

短期记忆小测验

下面你会看到 15 件日常生活用品,仔细看 60 秒,然后合上书,尽力回忆你能想起的东西。完成这个练习的第一部分之后,再看 13 页的第二段。

记忆测验答案

图上的物品有:1. 盆景 2. 照片 3. 树叶 4. 杯子 5. 汤勺 6. 手表 7. 软盘 8. 钢笔 9. 牙刷 10. 透明胶布 11. 钥匙 12. 电风扇 13. 水瓶 14. 太阳镜 15. 剪刀

大多数的人能够在 60 秒之后立刻正确地回忆起 8 ～ 12 件物品。如果你能够记起全部 15 件物品,恭喜你,你很可能使用了记忆策略(自觉或是不自觉)。然而,如果你的记忆不能如你所愿,第二次做的时候参考一下下面的策略,看看会有什么事情发生吧。

如何记住全部 15 件物品

有许多重新提取的策略。这个策略是建立在联想记忆的基础上的。当你这次再看图的时候,在你的脑中想出一个故事,能够把每个物品联系起来。尽管在脑中形成一个场景包括所有物品是一种人为的修饰,但是确实是很有用的。例如,我想要记住下面的 10 个单词:杯子、桌子、行星、叉子、台灯、椅子、收音机、纸牌、城堡、摇钱树,我可以想象自己坐在餐桌旁的椅子上,拿着一杯橘子汁,另一只手拿着叉子吃鸡蛋,同时,我是在这个行星上学习准备考试,但是由于收音机太吵了,我关上了收音机,并打开了台灯。不知什么时候,我注意到昨晚玩的纸牌没收起来。这个引起我的联想,如果我想在天空中建造自己的城堡,从长期来看,学习要比赌博更像一棵摇钱树。联合记忆的短期技术有很多种,比如,通过分组、分对儿或者相关的物品字母进行联合,是抽象的还是现实的,真实的还是虚构的。研究证实,当运用联合技术进行记忆的时候,效果有明显的提高。

（三）记忆存在的地方

三、为什么我们会健忘

记忆的另一方面——忘记是一个普遍的现象，是一个生物检查和平衡，帮助我们在一个另外的感官刺激的世界维持我们的平衡。如此，忘记并不总是不好的，不过仅仅是在什么重要什么不重要之间进行区别的功能。所以，只有在我们忘记了我们想要记住的信息的时候，忘记才令人感到沮丧。当你忘记了你想要记住的事情，原因可能有以下几个方面：

（一）不重要性

感觉不重要是忘记最普通的一个原因。我们都知道，当孩子们谈论他们喜欢的运动队或者电影明星的时候，他们表现出了非常好的记忆力。在编码的过程中，信息的重要性得到了充分的考虑。

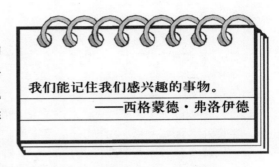

我们能记住我们感兴趣的事物。
——西格蒙德·弗洛伊德

简单说来，如果信息被认为是无用的，它就不会被储存在长期记忆中。

（二）干 涉

忘记的另一个因素是干涉——在记忆形成阶段中，不合时宜地打断竞争刺激。当干涉发生时，尝试重新提取记忆的努力就很可能失败。从经验上看干涉的影响，当你查到了一个你不知道的电话号码，重复了两遍，将它储存进了你的短期记忆系统，然后你和某人短暂地交谈了一会儿，你还能记得电话号码吗？很可能不能。干涉可能会导致"话在嘴边说不出"的经历。你似乎记得一些事，但是却暂时想不起来。(关于干涉更详尽的介绍见第八章,关于"话在嘴边说不出"的介绍见第二章)

（三）退 化

一个最老的关于记忆的解释——"使用它或是丢弃它"理论，说到记忆的痕迹或是一件事情的编码要利用的突触的连接会随着长时间不练习而逐渐退化。对记忆的训练可以简单地看作：看一张旧照片，复习一个故事，参加一次聚会，重温一段音乐，或是在你的脑海中形成一个场景。虽然退化可以部分地解释人到中年以后记忆的下降，但是很多研究证实，人们的记忆可以通过简单的记忆策略的帮助，在老年时期得到改善。所以记忆的退化并不一定是由于我们年龄的增长而导致的。（关于退化更详尽的介绍见第八章）

（四）抑　制

为何记忆会从主观的想法中被排出，记忆的抑制很可能是为了帮助我们治疗感情创伤的内置的自卫装置。抑制理论，首先是由弗洛伊德阐述的，它解释了为什么一些人会记得一件很小的极端沮丧的事情，或是记得一段受创的时期。抑制在天性上是有争议的，因为记忆是有延展性的，比如会被影响、被腐蚀，或者被不准确地唤醒。这在法庭上尤其会表现得有些棘手：证人的记忆是发生在很多年之前的。不合适的心理学和催眠术已经用于唤起失去的记忆（有意的或无意的），有时会导致错误的记忆。一些临床医学家的不道德的实践是不应该有效的，正确的做法是要通过真正有资格的职业临床医学家或者心理学家的操作。（关于记忆抑制更详尽的介绍见第八章）

（五）压　力

记忆的效果会在适当的压力下达到顶峰，然而当压力过大或是持续性的，记忆的效果就会减弱。因为记住一些事情的关键所在是注意力的集中。想一想当你焦虑的时候，你的专心会有什么效果。你很可能会出错，忘记一些事情，或者感觉很困扰。在生理学的层面上，压力会导致皮质醇激素的分泌，这种激素可以使你精力旺盛，但是最终会经过一段时间抑制准确的记忆。所以，长时间的压力对记忆是有害的。（关于压力更详尽的介绍见第七章和第八章）

（六）重新提取的暗示

当我们忘记了什么事情或是出现暂时的记忆遗忘，问题可能不在于编码的过程，而是在于重新提取的过程中。记忆是可以接近的。一旦有了合适的暗示或者刺激，记忆就会被激活。看一下下面的例子：你是否曾经有过，走进厨房去拿什么东西，却发现忘记了要拿什么东西？然后，你回到了你刚才坐的椅子上，你的记忆又奇迹般地恢复了。看起来好像是你忘记了，实际上，你只是失去了记忆的线索。事情很简单，你只要回到你的办公室，看到空的咖啡杯或者没有打开的文件夹，你就可以找回自己的记忆（重新提取的暗示）。一旦你掌握了重新提取的暗示，你就可以在日常的工作中主动利用记忆的暗示，而不是不自觉地去做那些事情。事实上，你能够自觉地建立暗示来记住任何你想记住的东西，详见第三、四、五章。

我们记得

- 帮助我们生活的信息
- 我们注意什么
- 什么对我们是有意义的
- 我们做什么
- 什么使我们能连接到以前的知识
- 什么是我们利用记忆术或者其他记忆手段进行编码的

我们忘记

- 那些对我们来说不重要的
- 我们没有全身心投入的
- 我们没有练习、复习、使用的
- 那些记忆中很痛苦的事情
- 长时期的压力干扰了大脑的功能
- 我们没有主动激活记忆的暗示

（七）生理损伤

有很多严重的疾病和精神损伤会影响记忆的功能，比如：健忘症、大脑炎、科萨科夫综合征（由于酗酒）、阿尔茨海默氏病及脑外伤，但是很少人会因为这些影响到自己的记忆。现在被越来越多的人承认的是，社会心理问题比如沮丧、忧伤、长期的紧张等会强烈地影响记忆功能。

四、你的记忆可以改善吗

人类的大脑可以接受和储存很大数量的感官信息，大脑有大约 1000 亿个脑细胞，容量大到可以建立无数的细胞连接。这些连接可以激活知识、意识、智力和记忆。就像从山上滚下来的雪球，速度和密度都在增加，你的记忆可

记忆加速器

帮助你的记忆

做一本记忆日志。把你记忆中你觉得有趣的、失落的或者惊奇的事情记录下来。标记出这些记忆的类型以防你忘记了一些事情。同时也记录下时间——特别是你应用重新提取暗示的时间。如果一个暗示没有效果，为什么你会认为它是个暗示？描述一下"话在嘴边说不出"的经历，精神上的阻塞或者那种似曾相识的感觉。生活环境也许会影响你的记忆（比如，大的压力、饮食的改变、栩栩如生的梦、疾病、亲人的去世、药物治疗等等）。如果可能的话，从下个月开始，做一个你的记忆日志吧。

提醒你写记忆日志的一些方法

■ 把日志放在你的枕头下面、咖啡壶旁边、浴缸旁边或者其他你每天都要去的地方。

■ 在你的浴镜上贴上小条。

■ 把日志放在你的车里、背包里或者文件夹里面。

■ 想象一下你明天要在哪里（比如单位、学校或者体育馆）写日志，在什么特殊的时间（比如早餐时间、午餐时间或者夜间新闻之后）写。

你的日志是要客观地记录你的记忆经历，而不是去判断。去熟悉你的记忆，就好像去熟悉你的计算机，运用必要的信息以最大化它的能力。只要你开始承认自己的优点和弱点，你就可以使用本书强调的一些简单的记忆策略改善你的记忆，并获得更大的自信。

以随着使用呈指数增长，绝对不可能达到容量的极限。你学习的知识越多，你的记忆的衔接就会越紧密。你在有生之年无时无刻不在不自觉地改善你的记忆，通过学习和学习记忆策略，可以使你的记忆加强的程度越来越深。

基础的记忆法则几乎不能使一个人一旦懂得了使用就能记住几乎所有的事情。这就是说，你的记忆的容量要受到你的理解能力的限制。一旦你开始运用本书提到的记忆策略，你将会变得清楚自己独特的偏好、组织化的技术、集中注意力的能力以及注意力的模式，用这些来影响你的记忆。尽管一些人天生记忆力超群，但是大多数人是通过学习如何记忆而展现出了很好的记忆力。还有一个更好的消息——你不需要花很长的时间练习或者有很高的智商。不管我们的年龄多大、教育水平如何，我们都可以改善自己的记忆力。

五、你的记忆特性偏好

一旦你开始记录你的记忆日志，你也许会注意到，那些最会给你的记忆带来麻烦的信息往往是你听到的、看到的或是做过的。大多数人拥有一种偏好特性，用来认识和应用接受的信息，帮助他们的记忆。大部分美国人主要拥有一种视觉偏好：图片、面孔、建筑、物体、地图以及纸上的单词，他们更容易记住以上那些东西，而比较难记住听到的和语言上的东西。视觉偏好者倾向于从图片、照片、轮廓，或者脑中的地图组织信息，而听觉偏好者倾向于从耳朵组织信息，并且会发现从韵律、格言、叮当声、歌曲、离合诗及双关语中得到对记忆更有帮助的线索。我们都是肌肉运动知觉者，意味着我们通过做、感觉，或者亲身经历固定模式的一些事而得到最好的记忆。

对你个人有意义的信息或是充满感情的信息会更容易记住，而那些没有什么关系或者不重要的东西不太好记住。所以，整个的单词要比一些散的音节更容易被记住；在现实生活中经历的信息会比那些通过书本或是学校得到的信息更有意义。在这个意义上，一种熟悉的押韵短语会帮助孩子记住字母表，或者去动物园会帮助孩子记住动物。

六、7个基础的记忆原则

（一）个人偏好

你想要记住的东西对你是否有个人意义？如果没有，你是否可以使它有？

（二）集中精神

你是否能对你要记住的信息集中注意力？你对它的注意力越集中，你的记忆能力越强。

（三）多重感觉理解

你是否能想象出或者视觉化你想要记住的东西？你有没有谈论它，操作它，或者联系一种感觉去编码它？

（四）状态依赖

当你要回忆起一些信息的时候，你能不能将你的状态与之相适应？比如你在咖啡因的影响下准备考试，你就会在相同的状态下更好地记忆。

（五）记忆术

你有没有在你想要记住信息的时候应用过记忆策略？你会在第三章到第五章发现有很多的可能性。

（六）情绪或态度

你是否处于一种有利于学习的状态——从沉重的压力、沮丧、焦虑或者恐慌中释放？你有没有一种"我能行"的态度？

（七）精神组织

你是否知道你接受、组织、储存、重新提取信息的天生倾向或者偏好的特性？你是否主要对你想要回忆的信息进行编码？

记忆测验

填字谜

字谜提供了一个练习你记忆非常好的方法。许多人经常做字谜，会在很多年以后仍然保留着非常清晰的记忆。完成这个字谜，通过下面的提示填写不同类型的记忆。

横向

1. 形容做事及动作敏捷利索
2. 手中没有兵器（打一成语）
3. 形容彼此一样不分上下（打一成语）
4. 好事情在实现、成功前常常会经历许多波折（打一成语）
5. "百度"所出自的一句古诗
6. 佥→剑（打一成语）
7. 比喻双方策略、论点等尖锐地对立（打一成语）
8. 形容要求非常迫切（打一成语）
9. 悲剧演完（打一成语）
10. 波→破（打一成语）
11. 冰冻三尺的原因
12. 冒危险给别人出力，自己上了大当，一无所得（打一成语）

纵向

一、 不是这座山上的石头（打一成语）
二、 形容日子难熬（打一成语）
三、 在路上走，翻一个又一个跟头（打一成语）
四、 关羽战李逵（打一成语）
五、 事情能否成功，取决于人是否努力去做（打一成语）
六、 比喻使人更加愤怒或使事态更加严重（打一成语）
七、 比喻有恒心肯努力，做任何事情都能成功（打一成语）
八、 六月打战（打一成语）

（答案见附录）

第二章

奇特的记忆

一、记忆理论研究现状如何

想象一下下面的场景：假如历史上各个时期知识渊博的思想家都重新拥有一个星期的生命，去见证现在记忆理论领域的研究水平的话，那么整个屋子都会洋溢着青春跳动的活力。从柏拉图到亚里士多德，从弗洛伊德到爱因斯坦，每个人都会兴致勃勃。一位诺贝尔奖得主说过这样一句明世之言：未来几千年之后，最令大家迷惑的有关记忆本质方面的研究最终会得到解决，而且也会通过实验数据的导入加以验证。

然而，这些老人家听到有关记忆的描述会感觉有些迷惑。它既不是公元前6世纪帕尔梅尼德斯所提出的光明与黑暗、温暖与寒冷的综合体；也不是公元前5世纪古阿波罗的戴奥真尼斯所提出的类似身体呼吸的过程。它既不是柏拉图在公元前4世纪进一步描述的如同蜡上的印痕一样不可避免地轻易消失；也不是希腊罗马物理学家克劳迪亚斯·伽林在公元2世纪所提出的是人类动物本性使然。那么我们到底该怎么定义记忆呢？最后大家推选出一个定义：记忆是一种电化学信号的作用过程，期间神经元依靠突触穿过与神经系统连接的介质相互作用交换信号。如果没有20世纪八九十年代性能鉴定

柏拉图像

亚里士多德像

弗洛伊德像

爱因斯坦像

实验扫描技术的发展，以及复杂的神经显像一体化设备的出现，这种观点不可能被总结出来。这种观点引起一片质疑，人们对此展开了激烈的评论。

最后，人们把议论的焦点从日常记忆的心理机制转向人们不太熟知但引发思考的现象以及一直存在的有关记忆的秘密上来。提出此观点的人激动地指出记忆移植是可能的，同时她解释到一些做过心脏移植手术的病人拥有一些不属于自己的记忆，而这些记忆确实和那些器官捐赠者的经历类似。她接着谈到，也许埃及人一直把心脏看作是一个人的灵魂居所是有道理的。学者们微笑着表示要尝试考虑上面的说法，他们也同意要再筹备一个论坛来讨论新近出现的问题：比如记忆移植、记忆的肢体错觉、"似曾相识"记忆、共体意识、危难经历、"话在嘴边说不出"现象、前生记忆、极端记忆、虚拟记忆等。这一章就要带领大家共同去探索这些连科学家都感到困惑的难题。

二、记忆能否被移植

大量的研究都提出这样一个问题：记忆是否储存在细胞之中？如果是，那么它能否从一个活器官转移到另一个呢？这听起来有点像科幻小说，但是一些研究表明，在虫子、老鼠甚至人身

思考是记忆的过程，是对已知的无尽探求。

——柏拉图

上，转移的记忆是可以被重新接纳的。即使一些有威望的科学家对这些证据高度怀疑，但这确实是值得人们去研究的。

个案研究

心脏记忆

1988 年，作家保罗·波萨尔在住院期间查不出具体的症状，但是他好像觉得自己的心脏总是在试图提醒他自己的健康情况。由于他的坚持，医生给他做了 CT 扫描，结果发现在他的臀部有一个大肿瘤，而且已经发展成四期淋巴瘤———种致命的癌症。然而在医院专门进行器官移植的一侧楼里等待接受骨髓移植时，他感到他的心脏在大声地朝他说话："你的周围有许多'好'心人，包括你的妻子和孩子，你会从他们那里得到恢复的力量的。虽然你的诊断很严重，但你没有'得'癌症，而是你的细胞忘记怎么平衡和谐地自我再生了。"

最后通过化疗、骨髓移植及家人的亲情帮助这些综合手段，波萨尔又重新恢复了健康。他的康复以及身边病人康复的故事使他想进一步研究心脏和大脑存在交流这一观点。器官移植接受者以及他们的家庭成了他工作的中心。波萨尔的新书——《心脏密码》（1999 年），是他的个人经历以及对 150 位器官捐赠者和家属采访的结晶。

书中列举出一些细胞记忆创造出来的有趣的证据（虽然有轶事的成分）。波萨尔讲述一个刚接受完心脏移植的小女孩经常梦见被一群男人追赶的场面。通过交谈，警方顺着这条线索捉住了害死捐赠者的那个凶手。一位 52 岁的老人为自己突然对摇滚乐的热衷而感到惊奇，后来他得知原来捐赠器官的是一个十来岁的摇滚迷。一位 41 岁的中年人脑海中经常浮现被许多大功率机器包围的场面，不久他就得知捐赠者是在一场火车与汽车的交通事故中丧生的。一位妇女经常感到自己腰的下半部疼痛，后来她得知原来捐赠者是被子弹击中此部位而死亡的。波萨尔还指出大约有 10% 的接受器官移植的人发生了性取向、食物喜好、爱好以及面部表情的变化，或者在手术后突发一些和健康无关的疾病。当然这些有趣的案例不能证明记忆就是储存在细胞之中，但它会引起对心脏与记忆本质的激烈争论。如果心脏能够思考，细胞能够记忆，那么人的灵魂就是由心脏所承载的一些细胞记忆的集合，所以交流也可以穿过时间和空间的界限，那么不久我们就会认可古代文化的主张——心脏是会记忆的。

涡虫试验

20世纪50年代中期的研究认为,记忆是以分子的形式储存在大脑中的,这样就可以从一个物质传到另一个物质。这种物质在心理学家詹姆斯·麦克康奈尔的著作里被称作蠕虫,或者更具体一点叫作涡虫——一种生活在河床淡水里的扁形虫。

麦克康奈尔做了这样一个实验:他把在光照下蜷缩的涡虫挑出来,然后把这些不幸的无脊椎动物切成小段作为食物去喂其他幸运的涡虫,过一段时间发现这些被喂食的涡虫在光照时也出现蜷缩的现象,这个实验就能够证明记忆发生了转移。这个极具争议的发现引来对老鼠和其他动物的大量实验,最后只得到了些矛盾的结论。这些大量的实验在和平时期也逐渐地失去了原有的热度,有趣的是就像嬉皮士时代的复苏一样,关于记忆移植的问题也同样经历这一过程。

三、关于记忆的肢体错觉现象

圣地亚哥加利福尼亚大学的神经学家 V·S·拉马尚德兰在他1998年出版的《大脑的错觉》中讲述了引人入胜的关于记忆错乱——肢体错觉这一问题。具体说此现象就是一个被截肢或肢体瘫痪的病人会感觉患处疼痛,有时候他们会觉得肢体就在那里并且还能使用,此现象为我们研究无意识的人的记忆和感知提供了大量可能。

拉马尚德兰博士认为,当我们通过感官去感知信息的时候,我们会迅速把信息同原来我们所知道的或记忆中的做比较,从而整理并为新的感知加上密码。可以说,一个身体很好的人会用健康的肢体去接收信息,因此肢体所给你的反馈也是即时的。然而对于一个被截肢或肢体瘫痪的人来说,由于不能即时感知信息,只能感知最新的信息,例如记忆中的疼痛或之前的疼痛。

虽然对于视觉、想象、疼痛和记忆之间的相互作用还不完全清楚,但拉马尚德兰认为我们所说的感知其实是感觉信号和产生于过去的视觉形象所储存的信息两者之间的结果。最终如果我们的大脑不能接受确定的视觉刺激物,也就可以随意得出它当时的情况。拉马尚德兰设计的"镜子疗法"可以帮助病人重新把旧时的疼痛与感知联系起来,从而得到更多更及时更准确的反馈。

四、当"似曾相识"现象发生时，你还记得被遗忘的过去吗

deja vu 这个法语词是"已经见到"的意思，最早出现在 19 世纪末，它描述了与记忆有关的最复杂的现象。那是一种感觉到某种似曾相识而又没有清楚记忆的情形。"似曾相识"现象的发生很自然且没有先兆，因此它预测不了、盼不来且强求不得。有时当你在公园中行走时，你会有一种曾经一模一样行走的感觉，可能是又感觉到了某种感觉刺激物或从被遗忘的梦和原来的生活中感觉到了什么。

"似曾相识"现象的出现会让人感到不解并担心自身的精神健康。这并不新鲜，更不表明精神不正常。这种莫名感到熟悉的不能解释的感觉事实上是由于人大脑中某种电化反应的结果。虽然心理学家和记忆方面的专家已经确切解释"似曾相识"现象的来源，但我们知道感觉是由大脑的颞叶激活的。

"似曾相识"现象已经被心理学家和精神病学家激烈地争论了多年。由于伤到颞叶会有强烈的感觉，并且许多人都经历过颞叶癫痫，神经系统专家发现可以通过电刺激这个区域以使健康人也产生感觉。

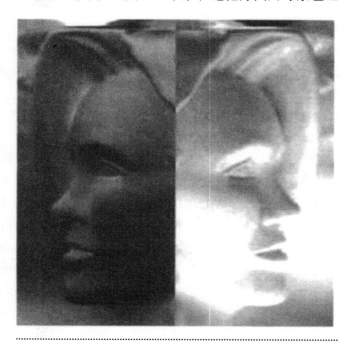

"似曾相识"现象已经被"双重意识"理论解释，即我们突然感觉到自己正在意识到周边环境唤起了新的感官上的瞬时失真，这种失真感觉像是记忆。

那么，大多数人（可能还是健康人）大脑没受到电刺激情况下经历的"似曾相识"现象如何解释呢？有多种理论。一些心理学家认为是记忆碎片或是有意识的大脑无法识别的过去经历被现实环境因素唤起并相结合。另一些人认为是感官进程异常导致大脑将新的印象误认为是记忆中的印象与意义、环境和对活生生记忆的认同感的结合。另外，还有人认为这只不过是一种超意识状态，即精神上出现了分离或半分离。虽然我们无法确切地说是什么引起的"似曾相识"现象，但毫无疑问它提醒我们记忆系统有多么复杂。

五、共体意识能影响你的记忆吗

你是否曾经疑问有些东西你不记得学过但确实知道？几个世纪以来好学的人们一直寻求解释这类能量或信息的迁移。虽然这个课题还未被经验所证明，但有人相信是共体意识告诉了他们的记忆。这种现象拥有多种形式：集体良知、集体无意识、因果报应、同步性、共体能量、形态场域（或称 M 场）和共体知识等。它们都指向相同

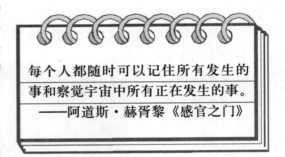

每个人都随时可以记住所有发生的事和察觉宇宙中所有正在发生的事。
——阿道斯·赫胥黎《感官之门》

的概念——通过共振（震动的一种形式）连接另一个物体的气场或能量场的记忆形式。从古至今，从俄罗斯到中国，再从古夏威夷到华盛顿，宗教人士和科学家们一直假定能量场塑造了所有生命形式。直到 20 世纪 80 年代，生物磁场和生物电场的发现才为共体意识提供了可能的解释。

"形态场域"由《过去的现在》（1988 年）一书的作者——生物学家鲁佩尔特·谢尔德拉克提出，它"形成了无声的共振，与遗传学一起影响和塑造着每一个事物的每一根纤维"。关于这个观点，谢尔德拉克博士写道："你学习某个东西的难易程度和速度取决于在你之前某些人——任何人已经做过的次数。"

同样支持这个观点的瑞士著名心理学家卡尔·容写道："共同无意识记忆包含了人类进化的所有精神遗产，在每个人大脑结构中获得重生。"容的

目标是帮助他的顾客认识到无意识头脑的巨大潜力，他提出了被他称为"同步性"的可能与此有关的现象——相关的事件或映像短时期内似乎偶然地出现。在容的理论中，这些奇怪的巧合是能量力同时作用于人和共同无意识水平的结果。地球上的每个人、每棵树、每块石头和每粒沙子都携带着形态场域共体记忆。虽然所有人都能证明知道一些不记得学过的东西，但对共体记忆现象的解释还需经验和生物学证据的支持。

六、接近死亡的体验所给我们的有关记忆的启示

许多人都听说过这样的人或读到过这样的事：一个人觉得自己已经在死亡的边缘了，却由于记起生命中某个特别清楚的经历而免于一死。近些年来，有关接近死亡的体验的报告层出不穷，可能是恢复知觉的意志使得医生可以将人从死亡线上拽回来。20 世纪 80 年代的盖洛普民意调查显示，有 800 多万美国人有过此类体验，由于接近死亡的体验，他们的生活也有了很大的变化。

在那些有过接近死亡体验的人讲述这一体验时，他们一般会说你的眼前会闪过你的一生。在体验进行时，不知怎的，大脑会把人的一生缩短为几分几秒。有些人认为这种生命的回顾或全部记忆的展示证明了长久记忆都完整地记忆在人大脑中的观点。然而其富含创新和秩序的重要性在现今文化中却没有得到应有的重视。

从死亡体验中回归的人们总结出了 8 种通常会在体验中遇到的情形。它们不是每次全部出现；仅仅一种情形也可以成为整个体验。一般的顺序是感觉像个死人、安静无痛、灵魂出窍、穿过地道、感觉到光、对一生的回顾、升上天堂、不愿返回。许多幸存者还说，生命回顾那部分就像看电影一样以第三人的视角观看。人们不仅可以看到自己一生中所做的重要的事，而且还能看到这些事对别人的影响。如果这些有接近死亡体验的人所讲的是准确的话，那么由许多主要宗教所预言的最终审判就具有很大的真实性。我们并不是只能由优秀的人来评价，我们对于死亡和濒临死亡的情形，本来就可以全面地评价自己。

这些年来，我们对全球数以万计的来自各个社会阶层、信仰和年龄的人

群进行了接近死亡体验现象的研究，并取得了很大成果。尽管报告有很多，科学家指出我们并无法用经验证实。精神病学家雷蒙德·穆迪也是一名作家，他著有《对生命一代代的反思》及最近出版的《回归——一个精神病学家对于过去生活的探索》。他也认为这种现象给了记忆一些有趣的解释。那些体验过接近死亡的人尽管身体失灵但会记得这个经历，并且一点儿都不模糊，而且正是这个强有力的记忆把他们的身份和生活分开。我们也对这种经历的力量大为震惊，因为幸存的人会随着这经历前后判若两人。接近死亡的经历决不能不重视，因为有此经历的人实在太多且相似点也太多。现在那些致力于这种不可思议研究的最前沿的人认为记忆存储在一个能量区域，而这个区域又是进行长久记忆载入的整个意识的一部分。当然当今的神经学家还在为这些基于故事的报告找寻科学上的根据。

七、记忆里的东西怎么就卡在嘴边了呢

　　我们通常会有这样恼人的经历，那就是对于知道的事偏偏记不起来。我们对这种现象似乎已经习以为常。其实这种现象叫作"话在嘴边说不出"，从 20 世纪 60 年代中期开始，认知心理学家们就对这种头脑堵塞或记忆暂时缺失进行了研究。现在已经可以全面揭示这种现象，主流理论认为当缺少必要的能使人回想的暗示时，一个词会堵在脑中出不来。这就可以解释为什么通常想不起来的词会在几分钟后浮出水面，也可以解释为什么在这种堵塞没有清除的情况下寻到一个新思路，或找到与之相关的东西会使问题迎刃而解。

　　对于这些遗忘的情形，压力往往是罪魁祸首。我们大多数人都有过这样痛苦的经历，明明知道试题的答案，但由于时间紧又必须赶紧往下做。尽管记忆没有恢复，但一个与那个词密切相关的或发音相似的词已经在你脑中形成，而且在某种程度上阻碍着你找到那个确切的词。在这种情况下，一般来说最好想点别的，过一会儿再说。在脑中重组事件顺序、具体情形以及相关概念或按字母表顺序查找可能的联系，这些都可以帮你找到丢失的线索。

　　另外一种对于"话在嘴边说不出"现象的解释是记忆构成出了问题。想想看，要回忆起一本索引缺失或者目录不完全的书中内容是多么困难。我们的记忆很有可能以一种相似的模式在运转。我们非常清楚我们知道哪些东西，但就是有时想不起来。例如，当我们被问到瑞士的邻国都有哪些时，如果我们只是用脑子想，很有可能会想不全或者出现错误；但是假如给出一些选项让我们从中做出选择的话，我们就会立刻给出正确的答案。所以，我们大脑中的记忆是处在混乱状态的，除非我们很好地理顺这些记忆，做出一些标记，这样我们才能够准确回忆出自己想知道的事。但当我们在一些特定的环境或者在面对一些选择的时候，我们就会给出正确的答案。

我们应该依靠发音、拼写和词义来记忆词汇。想要记起时就可以通过声音、图像以及具体含义来解决这个问题，这样还能有效地降低"话在嘴边说不出"现象的发生频率。例如，最近非常无奈，老是想不起 compound 这个词，于是就在脑海中想象一个疯狂的科学家在做实验，他把两种物质混合到一起，而且想象 composition 这个词的发音来帮助我记忆，自从这么做之后，就再也没忘了 compound 这个词。

（一）你应该注意以下情况，以便减少"话在嘴边说不出"现象的发生

■ 精神不集中或被打扰

■ 焦虑、压力大、性急

■ 兴奋或者抑郁

■ 疲劳或者生病

■ 酗酒或者吸毒

■ 缺少日常知识的积累

■ 生活缺少变化

■ 受时间影响无法进行思考整理

（二）如果你有上述情况，请你尝试

■ 快速记忆你想要记住的事情

■ 用相关的图像或声音帮助记忆（例如，当记名字 Jack Lander 时，可以记 Jack-o'-Lantern）

■ 放慢节奏，注意休息
■ 恢复理智，集中精神，排除干扰
■ 在合适的时间去记忆新的东西

身体记忆

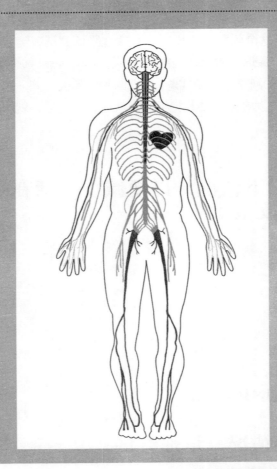

有证据证明记忆不光只储存在大脑里，很有可能会储存在全身各个地方。科学家相信，循环系统中缩氨酸分子通过血管到达全身。另外，记忆有可能会存在于身体组织中（细胞记忆），这能通过接受器官移植（特别是心脏移植）的那些病人拥有和捐献者相仿的性格特点证明。这就引发了一个问题，记忆到底是由什么组成的？

扫码获取更多资源

记忆赛前练习

下意识记忆恢复测试

大脑可以下意识地永久记住一些经历和信息，但是其他那些不能被一下就记住的信息就要靠不断地重复记忆和演练才能被永远地记住。下面这些简单问题就是要说明下意识的记忆虽然在身体的某个角落，但有的时候是很难再想起来的。对有健忘症的人的大量研究支持了这样一种假设：虽然下意识记忆理论打了折扣，但还是能肯定这种记忆一直尚未被触及。我们都有一个区域来储存这种记忆，但要唤起这种记忆就有些难了。

1. 交通信号灯上，哪一种颜色在上，是红色还是绿色？
2. 雪碧用英文怎样拼写？
3. 你家微波炉上温度调节按钮的最大值和最小值是多少？
4. 你的汽车上的时速仪的最大值和最小值是多少？

（答案见附录）

八、前世记忆是真的吗

投胎转世是相信人死之后灵魂还会存活并以另外一种形式重新回到人间。这种对转世和前世记忆的信仰最早也要追溯到公元前3世纪，那时的希腊哲学家柏拉图认为人的灵魂要经过九次重生的循环，当到达第九次也就是最高一个阶段时，也就完成了人

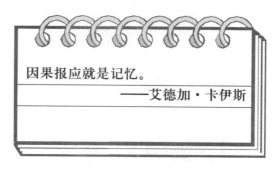

因果报应就是记忆。
——艾德加·卡伊斯

们的世俗之旅，获得永久的解放。同样埃及人对重生和灵魂的轮转已经信奉了3000年。然而，在公元325年康斯坦丁大帝宣布对重生的信仰是异教徒的行径，要接受死刑的惩罚，最后这种观念一直秘密流传下来，人们对此一直持怀疑的态度。尽管有许多的轶事提到过人们可以记得前世的事情，但是科学家认为缺乏科学根据，所以极力反对。

随着亚洲宗教以转世为基本的信仰不断向西方传播，20 世纪对重生的信仰又开始流行起来。托马斯·爱迪生和亨利·福特都曾是非常著名的转世论者，活着的人中持此论点的名人有雪莱·麦克莱恩和西尔维斯特·史泰龙等。英国著名的作家、思想强健的精神病患者乔安·格兰特创造了远距离记忆这个词语，并在 1956 年出版的《远距离记忆》一书中，叙述在她的前七本畅销历史小说中都加入了自己对前世的记忆。令人惊奇的是，考古学家能够证明她书中没有被档案记载的一些历史背景确实是发生过的。

伊恩·施蒂文森博士在 1946～1966 年间对这一现象进行了大量的调查研究，也只能通过他来了解有关转世的问题。最具争议的一个案例出现在《轮回转世启发二十例》这本书中，主人公是一个 1926 年出生在印度德里名叫珊蒂·德维的人，在 7 岁那年她跟父母说自己 10 年前名叫鲁吉，住在一个叫穆卓的遥远小镇上，她通过各种机会以及后来的有意安排认出了自己 10 年前的所有亲人。开始她先见到了她的堂哥，然后又见到了丈夫和三个孩子中的两个（她是生第三个孩子时死的），而且能详细准确地说出他们的信息和情况，除了前世记忆以外其他因素都无法解释这一现象。她清楚自己从没有去过的小城市穆卓的许多细节。当她蒙着眼在街上走时，她可以辨认方向和楼房，并用她从来没接触过的当地方言进行交流。类似的事情在世界各地都有发生。一些人相信前世记忆是对天才儿童现象最可靠的解释，例如，沃尔夫冈·阿马蒂亚斯·莫扎特这样的神童，在他 4 岁的时候就开始谱曲，在他 6 岁那年便作为一名钢琴家在欧洲进行了职业巡回演出。

一些人相信前世记忆是对天才儿童现象最可靠的解释，著名的作曲家莫扎特 4 岁时就开始谱曲了。

虽然如此，一些权威机构坚持认为相信前世记忆的人只是错把幻觉当成了前生的记忆，而另一些人相信前世记忆是在利用催眠方法进行"记忆恢复"治疗时所创造的。在本章中前面的研究对象使一些人相信前世记忆是来自于对世界的认知记忆。要想证明存在前世记忆显然是很困难的，人们将怎样拿出有力的证据来证明有几个世纪相隔的前生记忆呢？这不是一个新的问题，也不可能马上就给出答案。这一课题已经吸引了无数人的目光并深深扎根在人们心中。

九、怎样解释终极记忆的存在

许多人不重视与特殊记忆相关的一些奇异的特性，如被科学家发现的增强记忆，只是一些普通记忆达到极限值。以表现为根本出发点的记忆术研究者们一定会证明我们记忆的伟大潜力。但是有的人怀疑他们的能力是耸人听闻的，只是为了达到娱乐的目的。众所周知，图像记忆是把更加准确清晰的印象像抓拍一样快速记忆到脑海中。异常清晰表明记忆确实可靠的意思。但是任何人的记忆都不是可靠无误的。所以即使人们脑海中的一个图像和人们最初的记忆一部分相一致，也有发生错误的趋势。失真和省略经常发生，但是通常短期记忆就不会有这种情况，一旦被长期记忆，即使是记忆天才也不可能记住。

然而，一些人确实证明了这种超乎寻常的记忆能力，在第五章中提到的记忆天才就能佐证这一观点。拥有终极记忆能力的人往往会夸大他们的一个或多个感官感觉。例如，脑海中清晰的图像就意味着视觉感官中的真实画面。另一些记忆天才都拥有特别的听觉、嗅觉、味觉或者综合感官能力。据估计50万人中有一人具有天生的共感官能力，而且他的感官能力会不知不觉地交错在一起。就这样，他们把词汇、声音、实物与颜色、味觉、形状联系到一起进行终极记忆，同时也会导致生活其他方面的困难（见第一章 个案研究：不会忘记的人）。

除了一些极少的例子外，会终极记忆的人最有可能自觉或不自觉地运用记忆术。尽管大约5%～10%的儿童在童年时有这种特殊记忆，但是当他们长大之后就失去了这种能力。这个事实证明了一个理论，即我们都有很多未被利用的记忆潜力等待开发。大家一直争议孩子天生的图像记忆能力是否是因为后来对逻辑和语言的训练而牺牲了创造力和想象力。

大多数的特别记忆案例反映了一种特定记忆类型的力量，例如，某种能力是特别用来记忆名字、面容、一连串的数字、复杂的符号或图形、诗词以及难懂的音乐线谱。如果这种特殊记忆是记忆理论运用的结果，那么这是否意味着我们可以学会这种超级记忆方法呢？答案是很有可能，不过这就像问是不是任何人都能成为世界上最好的跳高运动员一样。

然而这只是一种极限，一般情况下大多数人的记忆都会有所提高的。在读完这本书之后，你就可以运用一些简单的记忆技巧甚至通过一点点努力就可以显著地提高记忆力。当然你越努力，你的记忆力就提高得越快。

十、虚拟记忆：未来将会怎样

对记忆的科学研究远远超越了对什么是记忆的研究阶段，几十年来科学家一直在思考到底什么是记忆。世界各地的实验室对人工智能、思维治疗仪、记忆扫描绘制仪器、记忆控制方法、电疗激发记忆方法的发展欢呼雀跃。如果这一切听起来像科幻小说的

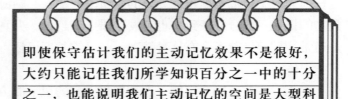

即使保守估计我们的主动记忆效果不是很好，大约只能记住我们所学知识百分之一中的十分之一，也能说明我们主动记忆的空间是大型科研计算机储存量的几十亿倍。

——摩尔顿·亨特《掌控乾坤》

话，那么去年的幻想和今天的现实会比你所想象的还要接近。让我们看一看这个虚拟记忆的诱人世界到底是怎样发展的吧。

（一）人工智能

像复印技术这样有前瞻性的创新是对第二代记忆技术的弥补和加强。制作时时刻刻的影像资料，Vepys 设备在剑桥大学 EuroParc 实验室的发展，是

最接近人工记忆的东西。然而它的效率就如同它所记忆的信息一样用处不大，这些信息是通过红外识别技术对人们身上佩戴代表特殊身份的徽章来进行收集的。这种原理有点像市中心高速路上的自动收费原理。像可携式摄像机和照相机这样可以和电脑连接使用的记忆保存技术不断地发展，人工智能也会如此。例如，微机系统安装上 Vepys 就可以有逻辑地参照它所收集到的信息。根据机器人的发展来看，人工记忆的未来是一片光明的；然而，现在世界上功能最强大的芯片也远远赶不上具有高度分析能力和复杂结构的人类大脑和记忆系统。

（二）思维治疗仪

在过去的几十年里，思维工具和认知强化仪器不断地在发展变化。从像浮油箱一样的感官减弱装置到像能够调节管线的音乐圆屋顶和风镜一样的感官强化装置，许多人都宣传这些装置的优点。人们随后相信高高在上的精神力量也会和这些仪器有关联，改变使用者大脑中的化学成分和脑电波，引起他们的放松和信任，增强他们的精神想象力和视觉控制力。引发"峰值状态"（像催眠疗法）可以激发在日常生活中见不到的一种状态。一些从业者和研究人员给客人用了这些仪器之后在他们身上发现起到了深远的作用，其中包括记忆增强、IQ 提高、创造力增长、性满足感提升、疼痛和压抑降低及毒瘾成功缓解。（哈奇林 1994 年）使用者宣称这些仪器能够帮助他们获得快乐的感觉，如果一直用的话，这种改变将会永远持续下去。

（三）记忆扫描、绘制和提升

不用通过手术帮助科学家观察大脑内部结构的技术也帮助科学家绘制出大脑各个记忆和任务相关区域。随着神经显像仪器的诞生，我们顺理成章地就会想到在不远的将来，人们的记忆会通过电子信号的形式储存、激发和恢复。

维尔德·潘菲尔德，一位研究癫痫病的加拿大神经外科医生，早在 20 世纪 30 年代就出乎意料地表示大脑细胞被电流刺激一分钟之后，一些病人对过去会有一种历历在目的感觉。这个著名的研究成了争论的对象，但是不管他们是否针锋相对，这已经告诉了我们记忆的本质，让我们看到了一丝希望，到那时记忆可以通过准确的刺激依照意愿提升。

（四）记忆控制

有传言，在冷战期间美国中央情报局在人身体上进行记忆控制的实验，然而直到 1976 年中央情报局才因为这一暴行接受调查。10 名加拿大受害者因为接受间谍训练而丧失大量记忆，最终每人得到 100 万美元的赔偿。中央情报局特工提供证据，表明一个秘密代号为 MK-ULTRA 的任务就是培养多重性格、重组性格以及删除记忆。据可靠消息报道中央情报局的研究程度已经远远超出了实验室水平。没有文字记载这些受害者被改变性格之后去国外从事危险的间谍活动，并且在完成之后记忆被抹掉。更糟的是，这些受害者被灌输一种思想，就是当他们对中情局没有作用之后会自杀。也许这就是控制思想里最重要的一件武器。

现在让我们开始练习一下简单实用的记忆增强法吧，这样有助于提高记忆水平。

记忆加速器

我们大多数人都经历过刚从梦中醒来时对梦中的情景记忆犹新，但又会迅速忘记。如果你想迅速准确地记住一些东西，专家建议你把它们的细节都写出来。银行出纳就被告之用这种方法来对付抢劫的发生。为了减少理解上发生扭曲的可能性，你应该在和别人谈话和干别的事之前把经历都记录下来。（关于扭曲记忆第八章中将详细分析）

当你今晚要睡觉时，把你的记录本和笔放在床头。只要一醒，你就利用几分钟的时间把所梦到的东西记录在本子上，要尽可能详尽地记录，不要忽略任何东西，即使是看起来不那么重要的。帕特里西亚·加菲尔德博士在她的《奇特梦境》（1975 年）一书中提到："如果你觉得记不住做梦的内容，不用担心，因为每个人都能学会怎样恢复梦境记忆。"你越努力研究学习，你就越能从中获得更多的东西。

第三章

你个人的记忆工具箱

一、记忆能提高多少

当我们探讨提高记忆力时，我们并不像谈论心血管健康问题那样具体或可量度地来讨论。增强记忆力有些像提高高尔夫球技——涉及一些动力学。同样，形成一个极佳的记忆也并不是一个秘密。由于记忆像高尔夫俱乐部一样种类繁多，那么我们也推荐一些种类的记忆方法。本章所介绍的方法为有效运用一系列记忆手段提供了基础，这些记忆手段我们合称为记忆术。然而，就像熟练目标击掷、轻击、击球一样，使用这些规则和训练良好的技能是你成功的保证。运用记忆方法是简单而有趣的事情。只要你使用了这些方法，哪怕是最低限度的运用，就已经是在开始挖掘自己最丰富的记忆潜力了。

一般情况下人类的记忆容量很难估量。但最近一项关于大脑的研究证明了专家们一直以来所断定的：我们大脑的容量远远超出自己的想象。事实上，一些科学家认为普通人的大脑在长期的记忆中可以容纳1000 万亿比特的信息量。

然而，大脑的结构要求我们储存有意义而非随意的信息。因此，记住一个任意的社会保险号或一个难懂的概念需要一个比记住你喜欢的东西更复杂的策略，如周六练球时间或按摩预约。普通人一次只能记住 3 ~ 5 比特或块的随机信息，但每部分可能又包括另外 3 ~ 5 块信息——有些像俄罗斯玩偶道具，每个玩偶都装在更大的一个里面。因此，假如一个社会保险号有 9 位数，当被归纳成次集合时可能很容易就被记住。这种所谓的团块策略，说明了大脑如何被训练得可以更有效地运作——来加工和记住更多的信息。本章所强调的大部分原则（或工具）包含一些方法，作为一种恢复"保险"有目的的来编码（或提示）信息。

记忆术的作用

本质上，记忆术是记忆的工具。该词的本源可追溯到 1000 年前或更久远些。古希腊人非常崇拜记忆的力量，以至于一位象征着爱与美化身的女神被命名为摩涅莫辛涅——意思是"不忘的"。那时古希腊和古罗马政治家们想出了许多记忆的策略来帮助记忆大量信息，通过这些策略使长老院的演讲与辩论在听众中留下深刻的印象。在现代，这个词通常指的是记忆方法。既然我们将记忆理解为包含三个要素——编码、保存、读取——的一个过程，那

记住……
形成一个极好的记忆力应遵循以下几点：

- 必须精确地对信息元进行编码；
- 在记忆过程中维持并增强信息元；
- 由联想或提示引出信息元。

我们就总结并增加了曾被古代演说家用过的一些记忆法。

二、即使没有很好地编码也能重获信息吗

记忆也许不可能是精确的，更有可能的是你一旦获得信息就会马上识别出来。例如，在一个多重选择的格式中，像一个评论问题中需要的那样单独记忆。另一方面，如果没有很好地编码、保存信息以及采用策略性的记忆方法，那就没有恢复信息的希望。但是这三个过程中的每一个都会为你提供一个提高成功概率的机会。事实上，每一种提高记忆力的系统、工具、记忆过程、策略、种类、观念或洞察力，都与这三种关键的记忆阶段中的几个或全部有关。

三、什么策略有助于编译重要的信息

（一）策略 1：积极的态度／信念

首先，最重要的是你真正相信自己能够学会和记住你想得到的。这种情况下，你的身体放松并且聚集了所有完成手边工作的能量。积极的态度会产生成倍的效果：它最终改变了你大脑中的化学成分。积极的态度促使多巴胺——一种良好的神经递质产生。就像一台从地基循环取水的抽水泵，乐观促生了多巴胺，多巴胺因而也提升了乐观情绪。第二，积极的态度有助于产生更多地去甲肾上腺素和另一种神经递质，这种神经递质为你提供了作用于动机的生理能量。第三，建设性的思考可以刺激大脑前叶，有助于长期计划和判断。总之，积极的状态远胜过"盲目乐观的效果"，它实际上刺激了你用来学习的大脑。

（二）策略 2：准确的观察

我们大脑中的大部分信息都是无意识的。伊利诺伊州 Champagne Ur-bana 大学的埃曼纽尔·唐琴博士认为我们加工处理的超过 99% 的信息都是没有意识的。为了避免被无数的感官琐事所轰炸，人类的大脑学着有意识地只关注那些被认为是重要的信息。我们尤其关注那些威胁到我们生存的事物。当我们每分钟随机感知数以百万的信息量时，我们确定要记忆的信息必须有

当我们第一次观看图画时，细节更重要。比如，教人打高尔夫球时，得分会使他们对"标准杆数"产生一个更好的背景理解。

意识地被提示给记忆系统。这里动机在起作用。为了确保准确的编译被引入信息，你必须下意识地集中注意力。不管你是否真的感兴趣，积极主动地集中注意力能更好地储存和恢复记忆。

你观察、听到和思考的事物越多，记忆的可溯源就越深。注意闻一下是否有些气味存在，如果有就在心里默默记住。听一些平时不容易注意的事物——背景噪音的变化或音量的增减。写下那些特别有意思或重要的信息；绘制图画、图标或标出数字来说明一个要点；检查你确认的感知是否准确。闭上眼睛想象你所听到的。在脑海中回想这些信息并用你自己的语言重新组织。你潜心感受的越多，初始记忆的编码就会越强。

（三）策略3：考虑背景因素

编译记忆的另一个关键因素是考虑背景。背景则意味着更宽泛的模式——输入的意义、环境、原因。当我们第一次关注大幅图画时，所有的细节问题更关键。知道了图画是怎样组合在一起后我们就可能理解和记住信息。例如，想一个拼图玩具，通常的方法是通过比较方框中的图片来确定邻近的部分。换句话说，整体为理解部分提供了必要的背景。想象一下学习一项新的运动，比如，我亲自打了比赛并且得分了之后才会记住"标准杆数"或"转向架"这些高尔夫中的专业术语。同样，当我一遍遍试着击球到400码远时我才确切地领会到这一距离的实际意义。

（四）策略4：B.E.M原则

缩写词B.E.M表示开始、结尾和中间。你接收信息时很可能按这一顺序来记忆。换句话说，更容易记住的是开始时接收的信息；接下来是结尾接收的信息；最后记住的才是中间部分。

为什么会这样？研究者推测在接收信息的开始和结尾时存在着一个关注偏见。开始时固有的新奇因素和结尾时感情释放在我们大脑中酝酿产生了化学变化。这些化学变化加上学习使之更容易记忆。因而，如果你想记住中间部分的信息，就应当运用一个记忆方法并且给予这部分特别的关注，以确保对它们进行更牢固的编码。

（五）策略5：主动学习

通过一个练习的形式我们可以更好地理解主动学习的概念。因此，思考下面两组序列：一组数字和一组字母。花几秒钟来记忆每一组：

1492177618121900191719631970

NASANBCTVLIPCIAACLU

一般来说，大多数人都会费时来记忆这些抽象的数据，除非他们运用记忆术——我们就打算运用它来记忆。这次，我们将它们分成3、4个一组再浏览一遍，使之在某种程度上对你印象更深刻。用视觉图像或联想的方法将数据中的小块相互联系在一起完成记忆过程。例如，我引用历史中一个著名的数据（当然，这就是哥伦布开辟欧洲新航线的时间）——1492——将开头4个数字联系在一起；然后，我通过另一种相关想象把它与接下来的一组数字联系起来（这一回是关于《独立宣言》）。虽然，这里为了易懂，我们提供了两组显而易见的例子，运用这种联想记忆法你可以记住任意次序的字母或数字。现在你来完成剩下的部分。

你刚才所做的实际上就是"主动学习"。当一个人处理信息或用它做实验，或者被要求来解决一个与之相关的问题时，他可以通过多种记忆方法来编译信息——视觉、听觉和知觉的——以此增加恢复记忆的机会。加工处理新的信息可以在你大脑中产生更多联想并且巩固已有的联想。这里有一些用于塑造记忆肌肉的可靠而真实的策略：

- ■ 讨论新的学识
- ■ 阅读新的学识
- ■ 观看一部相关的电影
- ■ 将信息转化为符号——具体的或抽象的
- ■ 运用新术语和概念做一个填字游戏

■ 写一个主题故事
■ 绘制相关的图画
■ 分组讨论新的学识
■ 在头脑中描述新的学识
■ 编一些相关韵律和歌曲（例如，"i before e, ex-cept after c, or whensounding like a as in neighbor and weigh.)
■ 将身体运动与新学识联系起来（例如，演员依靠伴随的动作来记忆台词）

（六）策略6：分块

正如前面所述的主动学习的例子，复杂的题目或一长串信息元可以分成易掌握的块儿来理解和记忆。例如，电话号码、信用卡、社会保险号总是被分成2～4个数字一组以便于记忆。有意识的大脑一次一般只能处理5比特的信息量，而这一数量又与学习者的年龄和已有的学识有关。一般说来，1～3岁的婴幼儿一次只能记住一条信息；3～7岁的孩子可以记住两块儿信息（或根据指导一步步来）；7～16岁的孩子能记住三块儿信息；大于16岁的则通常可以掌握四块儿或者更多信息。

不管你的年龄有多大，将抽象的信息分成易掌握的团块能够增强你的记忆。这里还是前面主动学习练习中用过的两组相同的数据，只是这次我们把它们分成团块。当然，没有正确与不正确的团块次序之说；唯一重要的是它们对你是否有用。我们已经使用了一些简单例子来说明，接下来的方法将教你怎样对那些提示不怎么明显的信息进行联想。

分块以便更好地记忆：

我们现在将前面那个主动学习的例子分成下面的团块，以便更有效地进行记忆编码处理。

1492.1776.1812.1900.1917.1963.1970

NASA.NBCTV.LIP.CIA.ACLU

（七）策略7：加入情感

不论何时，一个人情感的加入，都在很大程度上可能形成对事件更深刻的印象。激动、幽默、庆祝、猜疑、恐惧、惊奇，或者任何其他强烈的情感都能刺激肾上腺素的产生，同时也刺激着扁桃体结构。举个例子，如果你作为贵宾出席一场令人惊诧的聚会，那么你会感觉到情感对记忆的影响力。在这样一个时刻，这个活动因肾上腺素的释放，大脑情感中心和扁桃体结构的刺激而变得记忆犹新，从而也促进了编码和恢复记忆。

　　恐惧为长期记忆中某种情感的根深蒂固提供了典型例子。你4岁时，有人恃强凌弱从你身后鬼鬼祟祟冒出来，将一条蛇猛推到你脸上并大声喊道："啊啊……"这种经历在事情发生的那一刻留下了深刻的烙印。为什么？因为强烈的恐惧感刺激产生了肾上腺素——使身体免受畏惧和惊吓的生存反应；因此，生物化学认为这种情况是重要的。一条蛇或以后类似的刺激物在你余生中可能触发相同的自动反应——无意识的，如果不是有意识的话。如果这导致了令人讨厌的恐惧症，（在治疗中）这种强烈的编码将被重新组织。然而，由于恐惧感使人印象深刻的特性，我们通常要推荐一个资深医生来治疗。

（八）策略 8：寻求反馈

　　"你看到了吗？"无论何时我们见到一些不寻常的事物，我们首先的反应是：或者不相信，或者和别人一起核实。这是一个聪明的策略。你要确保自己的所想所见所闻是真实的。寻求反馈是一个自然且基本的学习手段，它有助于我们在形成不准确的记忆之前将假象减小到最低点。反馈的过程有助于增强我们的感知，从而增加记忆事物或刺激物的可能性。反馈来源于多种形式。提问是其中之一。即便答案并不恰当，个人对信息的涉入也能加深编码。

四、记忆过程中怎样保持或增强记忆

（一）策略 1：获得充分的睡眠

　　研究表明：白天学习时间越长，夜里做梦可能就会越多。我们做梦的时间，即所谓的 REM（快速眼动睡眠），可能是学习的一个巩固期。快速眼动睡眠占据我们夜晚休息的 25%；也有人（霍布斯）认为它对睡眠是重要的。这个假定有事实支持：大脑皮层的一部分被认为在长期记忆过程中是关键的，在快速眼动睡眠期间是非常活跃的。其他的研究表明快速眼动睡眠中老鼠大脑的活跃方式与白天学习期间大脑的模式相似。亚利桑那大学做白鼠研究的布鲁斯·麦克诺顿博士认为，在睡眠过程中，海马体仍然处理着脑皮层传送来的信息。关键的"停工期"通常在睡眠最后的1/3时间（早晨3～6点）出现，它可以使记忆呈现出好与坏的差别。

（二）策略2：进行间歇学习

大脑的设计并不是为了永不停息的学习。加工处理期是为了在脑中建立更好的连接和唤起。这就是间歇过程中可以进行最成功学习的原因——学习、休息、学习、休息。依照学习材料的复杂性与学习者的年龄，学习10～15分钟之后确定一定的停工期。这种被证明有效的规则对于增强记忆是至关重要的。

（三）策略3：让信息变得重要

维持记忆过程中另一个重要因素是人对信息重要性的划定。这个原则的一个很好的例子是那些总是忘记写作业的学生，但他们却记得自己最喜欢棒球队中每个队员的击球率。想想每天对我们进行狂轰滥炸的电视广播广告。你又能记住多少时时响起的电话号码？可能你什么也不记得——也就是说，除非你正在专门查找一条广告，那么你会刻意记住它。回想上次你被介绍给你真正喜欢的人时，你是不是不止一次询问他的姓名？信息对你越重要，你越可能记住它。

（四）策略4：运用信息

练习一直是好老师与好教练的明智的建议，也是为了好的理由。重复能够增强记忆。当大脑吸收了新的信息时，细胞间就产生了一种关联。这种关联在每次使用时都会得到加强。初始学习之后复习10分钟可以巩固新的知识，48小时后再复习一遍，7天后再来一次。这种循环确保一种牢固的联系。例如，与陌生人见面后立即叫出他们的名字：很高兴认识你，苏尔科夫斯基小姐。你有名片吗？哦，我知道了，你的名字以 s-k-y 结尾。它原来的拼法是什么？看照片是另外一种增强记忆的方法。我们大学的一些记忆确实要比热带阵雨消失得快，通过留言簿里泛黄的纸张和幽默的留言，我们可以回忆起那些面孔、名字以及共同的冒险经历。

（五）策略 5：牢固地储存信息

有人错误地认为大脑是身体里唯一的记忆存储／恢复中心。实际上，我们需要不同的记忆存储设备。便条、名单、电脑、档案、朋友、特意放置的物品和日历都可成为支持我们记忆的工具。它们中的每一个都有着同一目的：为帮助记忆恢复提供"牢固的副本"。依靠这些外部的记忆设备不会产生错误的回忆。把我们忙碌生活中的重要记忆放在每一个地方是加强记忆的策略性方法，即使是仅仅写下想要记住的事也能加强你的记忆。

（六）策略 6：养成习惯

我们大多数人都有许多，甚至成百上千种习惯让我们记住生活的责任与义务。当然，我们大多数人都是无意识地养成这些习惯的。这些习惯可能是把我们的桌历翻到一周中恰当的一天，把便条粘在醒目的地方，标记出我们要记得带去学校或工作的东西，等等。这里的策略是有意识地在生活中养成这些习惯以减轻记忆的负担。比如，当你走进屋子时总是把车钥匙放在同一地方，它更适宜放在靠近门的地方。一旦意识到自己的习惯，你就可以利用它们把要记住的信息联系起来。例如，你可能把自己要记得带去工作的书与钥匙放在一起。因此，在你例行其事的时候，不需要刻意去记忆。

我发现这也有助于与习惯进行一个快速的视觉联系。比如，我想提醒自己回家时喂鱼，我知道自己习惯用钥匙打开前门，于是我想象当打开门时会有一大桶盛着鱼的水冲到我头上。这种令人战栗的（也是滑稽的）想象给我们一个丰富的视觉、听觉和知觉的提示，它将很难忘记，即使我想这么做。当然，一个更简单的解决方法也许是在通常每天都用作餐桌的橱柜里储藏鱼食。

五、什么记忆工具可以增强记忆恢复

很多人发现一旦他们运用一种记忆术来记忆事物，恢复记忆就变得容易得多。记忆术总是使用联想方法。下面的基本记忆法只要稍加努力就可以增强你的记忆恢复。然而，成功的关键在于使用你刚学过的方法。

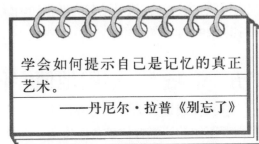

学会如何提示自己是记忆的真正艺术。

——丹尼尔·拉普《别忘了》

（一）位置法

位置法是将你熟悉的地方中固定的地点或事物与想要完成的目标联系起来的一种记忆法。例如，你正在做一个包含五个关键要素的演讲。你所谈的每一部分都与提供给你自然顺序的不同"主题"联系在一起的。为了说明这个例子，我们想象一个典型的会议室。墙边那个大的设备是你走上讲台首先看到的，因此你选择这个提示来提醒自己希望做出一番颇受欢迎的讲话。墙上的装饰品可以选择来提醒你的下一个话题——发言主题的历史意义。你演讲的下一个要素——目前的时局——与房间后面的国旗相联系，门上的出口标志选择来引发你做结束语，等等。在开始运用这一方法时，我们建议你按一定的顺序使用主题。因此，前门可能是你的第一个主题，入口通道是第二个，餐厅是第三个，等等。房间中其他的位置也可以用来指定主题。这个策略是古代伟大的演说家所选择的记忆方法。视觉想象是以视觉见长学习者的一个很有用的工具。

（二）关联词汇法

这种记忆策略与位置方法遵循着同一原则。实际上，它是从位置方法中分离出来的。唯一的区别是使用一个具体的物体，而不是选择一个熟悉的位置。位置方法非常适合演讲或概念记忆，关联词汇法则适用于记忆数字。首要步骤是学习一套关联词汇。这可能是弥补自己或提前确定的一个方法，我们在下一页会提到。一些人选择儿歌因为这样他们更容易记住。比如，他们从儿歌"One-Two Buckle My Shoe"中拼凑关联词汇。因此，2是鞋；4是门；6是棍棒；8是大门；10是母鸡。其他人喜欢那些对他们有个人意义的关联词汇。

关联词汇举例

0 是支票：
将你的手伸向天空大喊："0 张支票！"
1 是太阳：
指向天空说："只有 1 个太阳！"
2 是腿：
拍拍你的大腿说："我自己的双腿！"
3 是熊：
轻拍它们的头说："3 只小熊！"
4 是车轮：
想象拿着方向盘说："4 轮滚动！"
5 是手指：
攥紧一只手说："重要的 5 个！"
6 是 6 包：
吮吸一个想象的易拉罐汽水说："来 6 包！"
7 是一周：
看想象中的日历说："很愉快的一周！"
8 是一个雪人（形状像一个 8）：
吃一些想象中的雪说："雪真好吃！"
9 是猫：
抚摸一只想象中的猫说："9 条命是一段很长的时间！"
10 是一只母鸡：
用双手盖住耳朵说："不要成为一只母鸡！"

如果你同时大声地说每个词，想象某一特定情节，进行身体活动，我们将很容易记住所列的名单。这种方式最少可分成三个记忆分支：视觉、听觉和知觉。

回顾上面的词汇直到你记住它。给自己增加其他你想要的关联词汇。一旦知道了 10 个关联词汇，你就可以结合它们记住任意数字。例如，数字 11 可能让人联想到一个双手伸向太阳的人；或者结合更多的想象，你对任何一个数字都能创造出一个关联词汇。大部分数字会使你想起逻辑联系。例如，12 代表 1 年中的 12 个月；而 13 呢，或许是代表 1 只黑猫或 1 个忌讳的数字；14 呢，代表情人节的心情；26 呢，代表字母表中的 26 个字母。如果你可以记起一些具体的物体好过数字的话（正如大多数人），关联词汇法将提高你的记忆能力。如果掌握了关联词汇法，你可以使用另一种记忆法，也就是与进一步巩固编码处理相联系。

（三）联系法

联系法是连接的过程中，用行动或想象将一个单词与另一个单词进行联想。这种方法经常与关联词汇系统相结合来按某一特定顺序记忆一长串信息元。使用先前的关联词汇，例如，电话号码 423-1314，就可以通过想象被暗示和联系（4）车轮被（2）腿短的（3）熊推着通过一片晴朗的（1）原野，（3）熊对着太阳举起手指（1）并使（4）车子落在地上。尽量将数字结合成顺序来简化联系法记忆的过程。因此，电话号码 414-1213 就可以记成：4 个轮子运载着大情人给 12 只黑猫。你可以将任何具体的物体相互联系。例如，为了记住要买杂货的清单，通过想象盛水花瓶里的花将第一项（比如面粉）和第二项（滋补水）联系起来。联系的关键是运用你的想象力。联系不必是逻辑的或现实的。唯一重要的是它提供了你的记忆。

（四）关键词法

这种记忆方法多年来一直为人们所运用，尤其是在记忆外语中的词汇和抽象概念时。这是另一种将口头和视觉上音似的单词与抽象的词相关联的一种形式。例如，西班牙语中的"你好"，HOLA 就可以被联系到"OH-LAH"，也就是 OOH-LA-LA，见到你很高兴；而西班牙语中的"再见"，ADIOS，可以被联系到单词"AUDIENCE"以及在视觉上联系到一群观众挥舞着手对你说再见。如果你发现一个词一时记不起来，就可以用关键词记忆法且再也不会忘掉。例如 PARADOX 这个词，在我脑海里总是浮现出 A PAIR OF DUCKS。关键词方法在记忆姓名方面尤其有效。如你将在第四章里看到的。

（五）缩写词法

我们时常被离合诗所迷惑，缩写词是从一段文字中每个单词的首字母得出的。常见的缩写词是 NASA，它是国家航空与太空行政部门的缩写。组织的名称经常被简化成缩写词。另一种教给许多学校学生的缩写词能帮助我们记住五大湖的名字——HOMES〔Huron（休伦湖），Ontario（安大略湖），Michigan（密歇根湖），Erie（伊利湖），Superior（苏必利尔湖）〕。少见的缩写词是 RADAR，它是广播检波和搜索的缩写。一个缩写词有时可能包含序列中一个单词的又一个字母，从而使缩写词更易读些，就像雷达这个例子。一个缩写词不需要是一个真正的单词。发挥你的想象。如果你下班回家后要做五件事情（例如，装手提箱、洗熨衣物、回复电话、找婴儿看管员，以及取消报纸订阅），为何不用缩写词 PS-CBS 来提示你的记忆呢。如果你知道这个方法并已经使用它，祝贺你。你也许会无意识地采用其他的记忆方法。

（六）离合诗法

离合诗，像缩写词一样，也是利用关键字母使一个抽象概念更具体化，因而，也更容易记忆。然而，离合诗并不一直在联想中运用一个单词的首字母，这种联想也并不总是产生一个词的缩写。例如，信息可能与诗句相符合。Roy G.Biv 是帮助人们回忆彩虹可见光谱的离合诗：red，orange，yellow，green，blue，indigo 和 violet。其他的例子有韵律"Every good boy does fine"来记住五线谱三音阶的音符 EGBDF；而"My very educated mother just sliced up nine pickles"来记住太阳系恒星的顺序。依靠一个真正应用性记录，我利用离合诗 Yams And Butter Make For A Better Dinner 记住了最后一分钟感恩节的购货单（yams，allspice，butter，milk，flowers，almonds，bread，and dish detergent）。我希望这是真的；但至少，我知道在杂货店我不会忘掉任何东西。

（七）儿歌与童谣法

儿歌与童谣也许帮助过你学习基础知识和 Twinkle Twinkle Little Star 等。即使不是全部，大多数的学前电视教育节目都依靠儿歌与童谣教孩子从刷牙到扣安全带等事物。而在这些精彩的电视教育节目产生很早以前，Seuss 先生和 Goose 妈妈就通过阅读和讲故事模仿儿歌来记忆。通过将那些不可思议的信息编成曲调、儿歌或童谣，可以帮助记忆天生容易忘记的东西。例如，我们国家有谁不知道 1949 年发生的事情？而且，回顾拼音法，i 什么时候出现在 e 之前？你怎么记住如何使闹钟在节省白天时间的情况下走吗？而从其

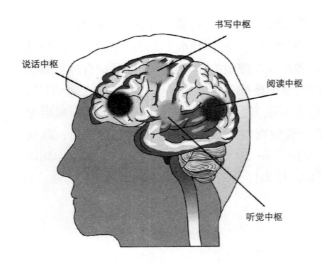

书写中枢

说话中枢

阅读中枢

听觉中枢

应用性目的来看，9 月有多少天？4 月、6 月和 11 月呢？

（八）家庭娱乐记忆法

使用记忆法为孩子的快乐和创造力提供了机会——从旅途游戏到晚餐时间的滑稽表演。比如，在家里，我们在成长过程中从父母称之为"孩子规范儿歌"中学习基本的家庭规矩。这本手边的儿歌画册让我很愉快地想起"When you're sick, you get your pick；when you're tall enough to touch your toes，you're big enough to pick up your clothes；we share our toys with girls and boys；and take what you're served, eat what you wish, and leave the rest upon your dish." 这些简单的童谣直到今天在我们的家庭文化中（现在传给了下一代）都使人记忆深刻。

给孩子慢慢灌输记忆意识的另一个例子是看大峡谷的画册。尽管实际经历发生在 30 多岁之后。我对大峡谷的记忆留在内心深处，当我的家人凝视着世界上最伟大的奇观之一时，我几乎可以听到父亲在为他最敬畏和振奋人心的时刻发表评论："孩子，现在，让这一刻潜入你的记忆细胞中吧！"的确是这样！就像造句，"硅岩、漏气的车胎、美好的月亮"在环绕全国旅行 6 周后回到家我立即引发了生动的回忆。我们在酷热的亚利桑那沙漠刚修补了一个爆胎，并且全都祈祷能突然出现一个旅店。我们也引发了另一个可能爆胎的想象：在一个满月的夜晚，我们在一段酷热难耐的高速公路上陷入困境。紧急时刻我们幸存下来，备胎还能维持，而且我们最后欢呼雀跃地找到了一家布满灰尘的睡袋旅店。这一记忆最后使我们自然而然地编了一首简单的歌谣形容那一刻。下一次你的孩子问："我们到了吗？"就做一个记忆游戏。让孩子们沉浸于记忆中是一件简单、愉快和值得的娱乐。

记忆赛前练习

在脑海中列个清单

在纸上列个欲购货单。现在闭上眼睛想象当地商店的布局结构。回头看看货单，必要的话细看每一项，然后想象它在商店的位置。现在快速将一项与另一项相联系。在头脑中回想你买东西的经历——在商店里你从哪儿开始买，你怎样通过专区，在每处你需要什么。仅仅利用这种记忆方法你会更加自信。为保险起见，带上货单确保在核对前你记住每一样货品。最后你唯一需要的货单就是你头脑中的那个。

个案研究

一张图片胜过 1000 个单词

验证视觉想象如何作用于记忆的最早的研究之一是由英国人类学家弗兰西斯·高尔顿于 1883 年完成的。高尔顿是查尔斯·达尔文的堂弟，他对人类做出了一些意义重大的贡献——最著名的是狗哨声，关于遗传与智力的研究——即著名的优生学，现代气象图技术和指纹鉴定的导入。当高尔顿开始对精神想象产生兴趣后，他做了一项关于 100 人的问卷调查，请被调查者运用视觉想象来回忆他们早餐时的细节。

结果很有意思：或许是俗语所断言的——一张图片胜过 1000 个单词。高尔顿发现能够回忆自己经历的人通过视觉想象形成了丰富的描述性叙述。那些回忆较少的人仅形成了模糊的印象；而那些记忆空白的人根本没有任何印象。通过这个简单却有说服力的试验，高尔顿推测精神想象对于记忆是重要的；而那些拥有最好记忆力的人能够恢复大量储存于大脑中的印象和感情。

第四章

记忆术在学习中令人惊奇的应用

一、记忆策略能够在学业上有所帮助吗

在学校里，我们要完成多种学习目标，要解决多项议程，这常常都需要与自己的时间竞赛。首先，有一些是你希望学到的知识，因为你对它们感到好奇，并且认为学习这个科目很有意义；其次，有一些是你的老师希望传授给你的课程。再次，有一些是社会官僚体制要求你掌握的知识，还有一些是父母期望你学习的课程。另外，一个学生必须知道他们将会被测试哪方面的知识或技能。一些测试是衡量你的知识水平，另外一些测试很可能是检测你的技能水平。有些课程可能会让你进行个案分析，其他的课程则需要你知道一些公式。有的测验可以使你提高即兴思考的能力和提升创造力，有的测试则可以指导你学习的方向。无论这些课程目标和检测方法多么不同——无论是一篇短文考试、多项选择、数学等式、口语表达，或是个案研究，它们在有些方面是相同的，即每一种考察方法都需要知识，而这些知识的学习都需

要依靠你的记忆力。

为了确保你可以获得必备的知识，无论课程任务是什么，我们建议你能够利用所有的记忆工具。因此，这章概述了上一章（第三章）所介绍的记忆术策略应该如何运用到学习中并且达到最好的效果。就像没有仅用一种工具（如锯）就可以盖房子一样，也不可能仅使用一种记忆方法（如联系法）就可以满足你所有的记忆要求。当你可以很熟练地运用本书所概述的所有记忆术策略，你的记忆力"工具箱"就可以帮助你完成繁重的学习任务。

二、记忆术的学习会深入地削弱教育吗

记忆术策略的学习绝对不会取代教育本身的地位，它仅仅是学习的一个辅助方法。就像计算机一样，记忆术的学习只是提供一种方法，可以使你更快掌握知识。一旦学生们能够有效地使用记忆术方法，那么就可以把他们的学习时间最大化。美国教育部

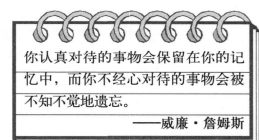

你认真对待的事物会保留在你的记忆中，而你不经心对待的事物会被不知不觉地遗忘。

——威廉·詹姆斯

1989 年出版的《什么在起作用》总结说："记忆术可以帮助学生更快地记忆更多的信息，而且对这些信息的记忆可以保持很长的时间。"

新泽西州的参议员比尔·布拉德利（1979—1997）是美国参议院中最智慧、最善于思考的参议员之一，他非常赞成美国教育部做出的这份总结报告。这位普林斯顿大学的毕业生也是一名记忆力方面的专家。这决不仅仅是巧合。布拉德利的记忆技巧可以使得他只花很少的时间来完成学校的任务，然后利用更多的剩余时间追求他个人的目标。这一章也将使你体会到布拉德利从学业成功和事业成功中获得的乐趣。

三、什么记忆策略可以提高学习成绩

你能够想起记忆过程包含的三个基本要素是什么吗？下面作一个简单的回顾。这是对于任何初学者都要坚持的记忆阶段：

- 编码的阶段（已记录的阶段）
- 保持或增强的阶段（储存的阶段）
- 通过联系回想的阶段（回忆的阶段）

成功的学习策略不但能够使你掌握必修课，还可以使你在有效的时间内学习你感兴趣的知识。这些策略都包括在这三个基本记忆阶段中。

四、9条最佳记忆编码成功策略

（一）保持冷静

用积极的信念为自己打气。相信你可以掌握新事物。提醒自己可以做得到。如果你碰到了挫折，一定不要为此就给自己制定任何远大的目标，或是对于自己作为一个学生的能力做出轻率的判断。你可以做一些积极的体育运动，或是改变一下学习的进度。当然，也可以给你自己一些坚定的信心，比如，对自己说，掌握事物很容易；或是，我一定会成功；或是，我有很强的记忆力等等这些积极的信念。

（二）学习需要能量

你要非常清楚学校的时间和你学习的时间。每天要有 6 ～ 8 小时充足的睡眠时间。吃一份高蛋白含量的早餐。如果你有咖啡、可可，或是茶等饮品，那就要限制咖啡因的饮用量或是喝脱脂咖啡因的咖啡。过多的咖啡因会降低你的注意力，导致你犯一些错误。理想的学习状态是警觉而不是兴奋。

（三）有目标的人是成绩优秀的人

你要确定你想要学习什么和为什么学习它。回顾一下总体的任务，制订一份计划。写出你的周目标、月目标，或是学期目标。把这些目标分成几个可以衡量的步骤、检测点，或者是你能够经常回顾的目标。如果你制定的目标既可以包括你要学习的内容，也包括你希望学习的知识，这两者之间如果能够达成平衡，那么这就是理想的目标了。这些目标越有竞争力越好。

（四）练习

当你学习时，应用第三章介绍过的记忆术策略。编码记忆可以是很简单的。思考一下你正在学习的新内容是如何与你已经知道的内容相互联系的。当然，编码记忆也可以稍复杂些，比如，要把你的学习内容与地点或是身体部位联系起来记忆（位置法）。

（五）"好好保养"记忆力

你的记忆力有赖于所必需的营养使得它能够最佳的运转。确保你的大脑能够通过健康的饮食（如新鲜的水果、蔬菜，全部的谷类食品等）来获得足够的营养物质。你也可以考虑其他的食品来补充营养，以提高你的认知力，增加活力。（见第六章关于记忆力营养的介绍）

（六）专心于中间部分的内容

我们知道对大部分材料的记忆顺序是开头、结尾，然后是中间部分。也就是说，在每一个学习阶段，学习内容的开头和结尾部分与中间部分相比，会更容易记忆。根据这个原则，你可以有意识地更加注意中间部分的信息，从而抵消中间障碍信息对记忆的不利影响。因为你会很自然地记住材料的开头和结尾，那么对中间部分稍加注意，就可以支撑这个记忆的薄弱环节了。

（七）首先要集中注意力

对材料的积极思考能够加深对内容的理解。这样的话，我们就可以问自己一些问题，然后把这些设想形成一个清晰的重点：我们昨天学习的内容和它有什么关联？我们还将要学习什么？为什么学这个而不学那个？或是，这个内容意味着什么？这种问询过程对于编码记忆和增强记忆是至关重要的。在班级里提问问题，两个人互相检查。如果可能的话，在形成错误的印象之前，立刻做出反馈。

（八）让我们来欢庆

当你体验强烈的情绪感受时，那么这种经历就很可能会在你的记忆中留下深刻的印象。兴奋、幽默、欢庆、恐惧、骄傲、焦虑和其他的强烈情绪都会刺激大脑产生"NORADRENALINE"，一种有效地提高记忆力的荷尔蒙，它可以促使大脑和身体行动。这种物质的和另外一些大脑物质的释放，就像一个差劲的生物化学的制造者，很可能帮助大脑回忆信息。

（九）形象的描述

用形象的语言描述图片。在头脑中形成思路，可以保证你是正在理解材料，尤其是有些材料是以口头的方式表述的。思路给你提供了一个形象的图表式的组织模式，帮助你理解你要学习的内容，这种方式有助于你编码记忆、增强记忆和恢复信息。形成思路是很有意思的过程，如果参考下面简单的四个步骤，将使你更加熟练地掌握这个过程。

■ 思路形成的步骤：

1. 准备一叠纸张和一些彩色笔。

2. 在纸上你可以把中心内容写出来，画出来，或是用其他的方法把它们描绘出来。

3. 添加从主要内容中流露出来的其他内容，并且用感知描述它们。用这些次分支内容描述相关的中心意思。

4. 把线条、胡乱的涂画、图表和标记都联系起来，用丰富的细节形成个性化的东西。所有这些都有助于在你头脑中确定概念和观点，有助于刺激你后来对内容的回忆。

下面关于形成思路的例子（以这章的内容为例）说明了对一个主题的感知和理解是如何被以形象的图表方式组织起来的，这样，就可以增强对一个复杂主题深层编码的可能性。

■ 增加的记忆能力：

1. **编码记忆**　乐观的态度　健康的饮食　限制咖啡因和糖分的摄取量设定目标　运用记忆术策略　投入更多的注意力　与材料的互相联系　寻求反馈　形成思路　形象地描述观点内容　赞美你的学习

2. **增强记忆**　保证充足的睡眠　注意昼夜周期　经常复习使用帮助记忆

记忆加速器

构思你的学习

现在你可以试着勾画一个思路。选一个主题，如果你愿意的话，你可以描述一下现在你所学的记忆策略技巧将会如何帮助你提高成绩，获得成功。那么，首先你会集中在什么科目上？在这些领域内，你会具体应用什么策略方法？在生活的其他方面有没有受益于前面所介绍的那些记忆术策略？如果有，那它们是哪些呢？如果想再回忆一下形成思路涉及的四个简单步骤，请看前面讲述的。

个案研究

幼儿学习微积分

日本教育者 Masachika Nakane 开发了一个课程，课程包括数学、科学、拼写、语法和英语，所有这些科目都是建立在广泛使用记忆术策略的基础上。例如，故事、歌谣、歌曲。他希望利用开发成果来说明像幼儿一样小的儿童能够用分数进行数学运算，能够解决代数问题（包括运用二次方程式），能够得出化学式，进行简单的微积分运算，能够用图表表示出分子式结构，学习外语。Nakane 的一些关于基础数学计算的记忆术已经在美国被采用了。一项研究表明，三年级的儿童使用这种记忆术策略在 3 小时内学会了用分数进行数学运算。不仅如此，他们的掌握程度（在 3 小时之内达到的）可以与按照传统方法已经学习这个科目 3 年的六年级学生的掌握程度相比。

的工具　熟练地掌握材料　与其他人讨论学习提问
　　3. **恢复记忆**　韵律法　联系法　关键词　缩写词和离合诗　关联词汇法
位置法　形象的比喻

五、增强记忆力的 6 个学习策略

（一）甜蜜的梦

　　研究表明，在逻辑测试和解决问题的测试中，那些虽然睡眠充足但是很少做梦的学生与睡眠充足且经常做梦的学生相比，他们的测试结果很糟糕。这表明不只是睡眠对于记忆过程很重要，做梦对于记忆过程的作用也是非常大的。实际上，如果你白天学习的内容越多，那么你晚上做梦的时间很可能就越多。做梦状态和 REM（快速眼动睡眠）时间用去了整个睡眠多于 25%的时间，这对于我们保持记忆力是至关重要的。（霍布森 1988 年）刚刚入睡时，REM 用去了我们睡眠时间的一小部分。快到凌晨的时候，我们大部分的睡眠时间都是在做梦。这表明睡眠过程的最后几个小时对于学习的巩固可能是至关重要的。如果你的工作或是学校要求你不得不每天五点钟起床的话，那么这对你的记忆力将会产生消极的影响。

（二）抓住高潮期

　　大脑的结构决定它不能永不停息地学习，它需要休息。基于大脑机械理论，大脑左右半球之间每隔 90 分钟左右就要交替消耗能量。这种身体节奏或头脑节奏被称作昼夜周期（一个昼夜不停连续运

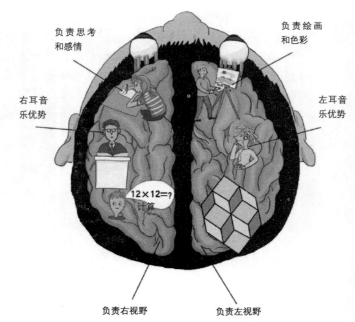

负责思考和感情

负责绘画和色彩

右耳音乐优势

左耳音乐优势

12×12=?
计算

负责右视野

负责左视野

转的周期）。在这种周期的作用下，当左脑处于功能运行高效期时，更多的与左脑有关的任务（如连续学习、理解语言、计算和判断）就会很容易进行。同样，当右脑处在功能运行高效期时，更多的与右脑相关的任务（如富有想象力的学习、空间记忆、辨认面容、想象影像和重新构建歌曲）也会很容易进行。学习过程需要伴有间歇来处理材料内容。在这段时期里，大脑分析学习内容，并且把它们传送给内部大脑组织，这个过程对于记忆的连通性和恢复记忆也是必要的。你认为进行完10千米的长跑后难道不需要休息吗？由于学习是一个生物过程，它会改变大脑的结构——建立新的突触间隙连接，增强原有结构的运转效力——睡眠对于大脑保持最佳运行状态也是非常重要的。那么，在90分钟的学习过程中，学习45分钟，然后休息15分钟。如果你非常了解你自己大脑的昼夜运作节奏，你就能够在大脑功能运行能量最旺盛的时期最

下图表示出我们（一天）的昼夜节奏是如何受影响的。在这里，通过不同层次的脑波活动，来描述这个影响。

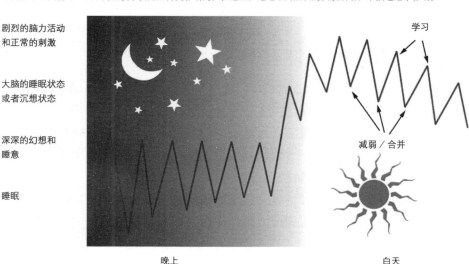

剧烈的脑力活动和正常的刺激

大脑的睡眠状态或者沉想状态

深深的幻想和睡意

睡眠

学习

减弱／合并

晚上　　　　　　　　白天

佳地完成你的学习任务，而当大脑处于低效率运行期时，就可以休息放松。

（三）请把它重复出来

脑细胞与新内容之间的联系可以通过重复这个过程得以加强。为了保证

这种强大的联系，新内容应该在学完之后的 10 分钟内复习一遍，48 小时内再重复一遍，如果可能的话，7 天之后再把它重复出来。如果你不复习那些学过的内容，也许你会在一个不当的时间惊奇地发现，突然间你把它们全部都忘记了，

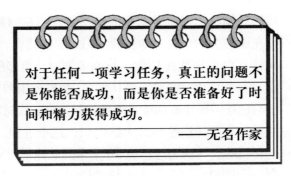

对于任何一项学习任务，真正的问题不是你能否成功，而是你是否准备好了时间和精力获得成功。

——无名作家

尽管你清楚地记得你学习过那些内容。复习新内容的时候，你可以和其他同学或者其他小组的同学组成一个学习小组，重新读读笔记，或者重读每一页的开始段落和结尾段落。设计一个纵横字谜也是另外一种很有意思很有创造性的复习方法。其他还有一些方法，比如可以看一个有关这个学科的录像，或者利用新概念新内容编一曲说唱乐，或者设计一些抽认卡等。

（四）你的记忆复件在哪里

尽可能使用一些"有难度的版本"或者外部的记忆工具，复制你的记忆。尤其是在你压力很大的时期，当你一度要反复修改很多杂乱的事情的时候，养成随身携带一个日程表或者个人记事本的习惯，并且要非常狂热的喜欢在上面记录一些内容。设计一个软件（如果你使用计算机），一个整理好的资料系统，里面包括你每天的目标，有的时候一些事情也可以引发你的记忆。没有一个人的记忆力是最好、最完美的。我们承受的压力越大，信息就越可能没有获得编码记忆而被流失掉。制作你个人的记忆系统复件，就像制作一个计算机的记忆系统复件，可以帮助你记忆或者搞清楚一些问题。

（五）一天一小时

人是习惯的奴隶，所以我们能做的最聪明的事情就是好好利用这种趋向。每天都要留出练习、叙述和复习的时间。有一种趋势很明显，就是你每天短时间的学习（间隔学习）要比你长时间内填鸭式的学习效果好得多。如果完成一个 3 小时的任务，你要问自己："我要如何花费最少的时间，

如何最大限度地利用我的脑子来完成这项任务？"把这项任务分成45分钟的学习阶段，用4天多的时间完成它，这样你的大脑就可以有个"休息期"，而大脑就需要用这个"休息期"来巩固你已经学过的知识。当然使用这个方法首先要求你要有很强的自制力，但是一旦建立起你自己的日常常规，那么就可以明显地看到这种学习方式的优势，而且这种学习过程也是在无意识地进行。

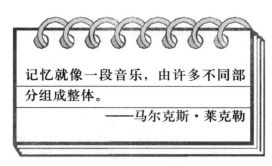

> 记忆就像一段音乐，由许多不同部分组成整体。
>
> ——马尔克斯·莱克勒

（六）说什么

你越能熟练地掌握新内容并且形象地描述它（积极的学习），你就越能很好地理解材料。在笔记上写出你的思路，与其他学生组成小组就某一论题进行辩论，或者做做试验，或者根据学习内容编出一个小故事，或者用肢体语言或手势来形象地描述这些内容。你还可以找到一个学习伙伴，每周都可以在一起复习功课。在图书馆里浏览一下有多少关于这门学科的参考书。有很多种方法可以使我们熟练地掌握新内容。就好像你走进了一个知识的"玩具店"，你都要自己亲自看看。或者就像我们观察一个初学走路的小孩子，他在早餐时间会端着一碗粥到处走，做任何可以想象出来的事情，但就是不喝它。当一个小婴儿头上的牛奶碗打翻之后，冷牛奶从孩子的脸上流淌下来的时候，我们肯定这个婴孩一定会记住牛奶的味道和特质。

六、重获记忆的记忆术

20世纪70年代后期的大量调查研究表明：能够辅助我们完成各种学习任务的记忆术在学校中被使用的最多。（希格比　1996年）由于不同的记忆术策略适合于不同种类材料的记忆恢复，我们不能"以不变应万变"。而是，你必须要决定哪种策略更适合你，哪种策略对于你正在进行的学习任务会最有效果。下面我们举出几个例子来说明如何使用第三章介绍的记忆术策略辅助完成各种各样的学习任务。对于下面每一部分的内容你都可以把它和一些材料联系起来，并且检测一下你自己的记忆技巧。

记忆赛前练习

测试你的观察能力

仔细观察图片几分钟后，合上书，然后尽可能多的记录下你所记忆的东西。你能够回忆起图片的多少部分？如果你使用了观察技巧，那么你使用的是什么？你想提高观察技能吗？如果你想，那么就使用下面的建议重新观察图片。精确的观察力是编码记忆必不可少的组成部分。

感官和情感方面（参照"记忆赛前练习"图）

■ 这个图像唤起了你哪方面的感情或者印象？

■ 这个情景最明显的部分是什么？或者需要进一步观察的部分是什么？

■ 这个图像对于你个人来说有什么意义？尤其是，它可以使你想到些什么？

■ 如果这个情景是充满生机的,那么你会听到什么,尝到什么,闻到什么,或是感觉到什么?

认知方面

■ 你认为作者要传达一种什么信息?
■ 作者的风格是什么?是什么使得作品富有独创性?同你见过的其他风格的作品相比,又有什么相似之处?
■ 你认为作者描述的是什么时期的景象?
■ 画面前景中出现了什么物体?画面的背景是什么?

视觉训练

■ 慢慢移动你的目光,用一种结构的方法观察图片——从左到右,从上到下,然后再反向观察回来。记录下你所看到的东西。
■ 闭上眼睛然后尽可能清楚地回忆你观察到的情景?图片的左上角是什么物体?左下角,中间,右上角,右下角呢?
■ 睁开眼睛重新观察图片。你记忆对了多少?那么,什么物体或是细节你漏掉了,或是记忆不准确?

最基本的观察方法能够应用到你所希望记忆的任何对象上面。为了训练你的观察技能,你可以随机任意选择影像或者情景,然后仔细地观察它们。就上面列出的各种问题对你自己发问。然后,尽力描述或者刻画你所观察到的。当然,你可以写出或者画出那些情景。如果你能够更多地注意到你身边的事情,能够观察你生活中的每一个细节,那么,当你养成这个习惯后,你的记忆力就会提高,并且你的创造力和艺术技巧也都可以有所提高。

你做得如何

上面的景象包含了 21 个部分,你能够记住哪些?

教堂　　　　码头　　家庭野餐
湖　码头上的夫妇　　被拴住的马
两艘帆船　　凉亭　　放风筝的孩子
划船　　　　凉亭里的乐队　男人和自行车
小山上的房子　　　树下的小孩　　　树林
奔跑的孩子们　　　杂货店　单人马车
冰激凌店　天空中的鸟　　双人马车

（一）拼写和词汇

音似法、韵律、联系法——选一些图片或是图像代表你想要记住的特殊的词或者字母组合。把这些影像联系在一起形成一个情节。可以有这样的例子，"Bad（糟糕的）grammar（语法）will（将会）mar（损坏,障碍）a report（报道）；He（他）screamed（尖叫）"eee"as（当……的时候）he（他）passed（经过）by the cemetery（墓地）；The principal（校长）is（是）my（我的）pal（好朋友）；Before（在……之前）I（我）can（能）fill（填写）a prescription（药方），the docter（医生）must（必须）pre（前的）-authorize（批准，认可）it（它）；before（在……之前）giving birth（生产），women（女人）are（是）quite（十分）large（大）in girth（腰身）。

轮到你了——你能设想一个记忆术方法记住下面这些词的正确拼写和含义吗？

Millennium, Exacerbated, Bustle, Jaundice, Jalapeno, Ascension, Sensible.

（二）公共演说

位置法——用一系列的重点提示，比如在口语演讲中，你可以把想要表达的每个要点用自然的顺序和你所熟悉的位置联系起来（如屋子里的房间或是身体部位）。例如，你可以把导言部分和你家的前门（或者和你的头顶）联系起来；然后，把第一部分和你家的走廊（或者你的颈部）联系起来；第二部分和你的起居室（或者肩膀）联系起来；第三部分和你的厨房（或者胸部）联系起来，等等。

轮到你了——想一个你非常想记住的笑话。现在把它分成若干个主要部分，然后把每一个要点与你选择的位置联系起来。

（三）编排信息和组织信息

关联词汇、关键词和联系法——帮助学生记忆许许多多精确的资料，举个例子，比如说包括所有的美国总统的名字（按顺序）。我们可以这样来记忆：1. 用关联词汇代表从一到十的数字，这可以帮助记忆总统的顺序。2. 用音似词替换总统的姓名。3. 用一种形象的方法把这两个方面联系起来，比如，Tyler（用音似法把姓名记忆为 tie) 10(hen），那么"一只打领带的母鸡"可以提示"第十届总统是 John Tyler"。当你碰到数字很大的时候，联合关联词汇记忆。比如，14 可以记忆为一只站在大门顶部的母鸡。另外一个例子，假如要记国家的首都，把首都的名称用音似法表示，并且把它们用一种形象的比喻联系起来。例如， Indianapolis 记忆为一个印第安人 Indian 变戏法的 juggling 苹果 apples"；Boise Idaho 记忆为" 一组 (a group of boys) 正在耕(hoeing) 马铃薯田地的 (potato) 男孩们"。

缩写词——用 CANU 举例，这个缩写词可以帮助学习者记住美国西部的哪些州？

Colorado（科罗拉多州）、Arizona（亚利桑那州）、Nevada（内华达州）Utah （犹他州）。

韵律——例如，我们可以用小调记忆每个月的天数，"Thirty days(30天的) hath（有) September（九月）、April（四月）、June（六月）、November（十一月）；When short February is done(当最短的二月份结束后)，all the rest(剩下的月份）have（有）thirty-one（31 天）。"

轮到你了——你用什么混合的方法记忆世界最大的五个海（按照面积大小的顺序）：珊瑚海 (4,791,000km²)、阿拉伯海 (3,860,000km²)、中国的南海 (3,500,000km²)、加勒比海 (2,754,000km²)、地中海 (2,505,000km²)。

（四）医学术语和资料

缩写词和离合诗——十几年来，医学系的学生一直在使用缩写词法。例如，按照合理的顺序，用 NAVAL 记忆生理学的基础体系：Nerve Systerm 神经体系、Artery Systerm 动脉体系、Vein Systerm 静脉体系和 Lymphatic Systerm 淋巴腺体系；或者用离合诗法记忆，如"On Old Olympus, Towering Top A Finn And German Viewed Some Hops"，这首离合诗可以记忆 12 对脑神经：Olfactory 嗅神经、Optic 视神经、Oculomotor 动眼神经、Trochlear 滑车神经、Trigeminal 三叉神经、Abducens 展神经、Facial 面神经、Auditory 位听神经、Glossopharyngeal 舌咽神经、Vagus 迷走

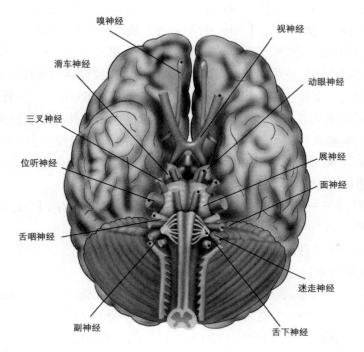

嗅神经　　　　　　　　　　　视神经

滑车神经　　　　　　　　　　　动眼神经

三叉神经

位听神经　　　　　　　　　　　展神经

　　　　　　　　　　　　　　面神经

舌咽神经

　　　　　　　　　　　　　　迷走神经

副神经　　　　　　　　　　　　舌下神经

神经、 Spinal Accessory 副神经、Hypoglossal 舌下神经。

　　轮到你了——你能设计一个用缩写词和离合诗记忆大脑皮层（CERE-BRAL CORTEX）的四个叶吗？它们是：Frontal（前额）的叶、Parietal（腔壁）的叶、Occipital（枕骨）的叶、Temporal（颞）的叶。

（五）数学概念和公式

　　离合诗——离合诗"Bless My Dear Aunt Sally"有助于一些数学系的学生学会在一个代数等式里运算的优先顺序：Brackets（括号） Multiplication（乘法）Division （除法）Addition （加法）Subtraction（减法）。

　　关联词汇和联想——利用关联词汇和联想相结合的记忆方法，很多人可以非常轻松地记住时间表。首先，初学者一定要理解关联词体系（2= 鞋子，4= 房门，8= 大门）。接下来，两个数字相乘，就可以把关联词汇很形象地联系起来。例如，你可以这样形象地看下面这个公式：2×4=8，为了救一位朋友，你用鞋子踹开屋门，但是大门却挡住了你的去路。

韵律和童谣——许多人或许不知道圆周率对于 21 个地名有什么重要性，当然也无法记住圆周率小数点后的 21 位，但是，这些人也许会发现记住下面的这句小调是一件非常简单的事情。"我多么希望我能记住圆周率啊。'哦，有了！'，伟大的发明家突然大声喊道，圣诞布丁、圣诞馅饼正是问题的关键。"你能猜出这个办法是怎么回事吗？这句小调里的每一个按字母书写的单词对应下面圆周率里的数字：3.141592653589793223846（例如，3= 多么，1= 我，4= 希望）。我认识的一位老师曾经告诉我，她在念中学时学到的记忆时间表的唯一方法就是他的数学补习老师给每一个等式都附加一句押韵的诗。例如，6×4=24，即(shut the door and say no more)，中文意思是"关门别再讲话"。

轮到你了——你能否运用记忆术记住以下的单位换算？ 1 英寸 =2.54 厘米 1 英尺 =30.48 厘米 1 码 =0.9144 米 1 英里 =1.6093 千米

（六）外语词汇

关键词——在日语中"不客气"的发音是"doeTASHeMASHta"，听起来好像是英语中"Don't touch the mustache"（别碰我的胡子）的发音。任何词汇都可以用这种方法来记忆。把你要记忆的词分成音节，然后创造出另外的一个词或者一个短语，他们或是听起来像你要记忆的那个词或是从视觉感官上可以想象出你要记忆的那个词。希伯来语中的"晚安"发音是"lilatov"。当把这个词分成两个音节，你就可以用 lullaby（催眠曲）来提示（lila）的发音，用 time （时间）提示（tov）的发音。

缩写词——缩写词"MRS.VANDERTAMP"可以帮助法国学生记忆大部分动词， Monter， Rester,Sortir,Venir,Aller,Naitre,Desendre,Entrer,Rentrer,Tomber,Arriver,Mourir 和 Partir。

轮到你了——用什么方法可以帮助记忆下面的西班牙短语"Yo te quiero con todo mi corazon"，它的意思是"我深深地爱着你"。

（七）阅读和理解

形象化的描述——当你阅读的时候，想象着你是正在对着观众朗读。这种技巧可以让你思想集中。当你遇到一些材料很难理解的时候，你把自己想象成一个学生，正在被要求解释或者改述这些材料，从而证明你已经理解了这些内容。 在头脑中大概有个摘要。形成一个有重点的思路，并且用记忆的影像把它们联系起来形成一个情节 。

轮到你了——当你阅读下面关于记忆力提高的学习技巧时，想象你是一个老师，你正在给全班同学读这些材料。那么，思考一下你将如何帮助同学们记住所有的 13 项技巧。

一旦你掌握了第三、四、五章所介绍的基本的记忆术策略，你就希望进一步学习记忆术的技巧。如果这样的话，你会发现附录中"对未来学习的建议"这部分内容对你很有帮助。

（八）提高记忆力学习的技巧

■ 对你的学习要有一个现实的要求。根据你自己的情况制定一个学习时间表，并且要坚持执行下去，直到形成这样的学习习惯。

■ 每当学习完一段时间后，根据后面剩余的时间把学习内容分成几个部分。 要避免用一晚上的时间做填鸭式的学习。你专心致志学习 15 分钟的效果要比你三心二意学习 60 分钟的效果好得多。

■ 很自然地，一段学习过程中的开始和结尾部分总是回忆的高潮，因此要特别注意一篇演讲稿、一个章节或是一个段落的中间内容。而且，很多教材也是按照这个原则编排的。

■ 练习使用第三、四、五章简述的记忆方法。

■ 确保你在学习的时候不会感到饥饿；要避免在学习之前吃高糖分的食物；学习之前最好吃一些高蛋白质的食物，总的来说要获取适当的热量。

■ 当你放松的时候，学习能力可以有所提高，所以在学习之前，用一定的时间做运动，可以伸展一下四肢或者散散步，或者把两项活动综合一下，当然，也不论这些放松方式是否对你最有效果。

■ 要在一个舒服的环境里学习，如果可能的话，最好有自然的光线。

■ 如果你要学习一门新的科目，那么，首先你要做一个关于这个论题的调查，这样你可以知道部分和总体之间是如何联系的。 例如，你的任务是阅读一篇课文，那么就要浏览绪论，看看内容目录和章节的前言和总结。

■ 积极的学习有助于你保持注意力，所以你可以记笔记，做自测题，做字谜，画些重点，或者进行小组学习。　用自己的话写一个简明的提纲，或者用最中肯的观点形成一个思路。消极的学习速度很慢而且学习兴趣也不高。

■　为了增强对材料的记忆力，想一想它们是如何与前面的内容相联系的；找出它们和你已经记忆的内容之间相关的信息。

■　如果你要做笔记，那么就一定要用自己的话来写；用这种方法，可以估计出你对那些概念观点的理解有多少。

■　当你遇到有些材料很难理解时，可以放慢速度，但是，千万不要放弃，而是要接着往后看，如果发现后面的内容有助于你理解之前的难点，那么就返回来再重读那些难点。

■　每 10 分钟回顾一下主要概念及观点，每天复习一次，每星期再重温一遍。这个复习过程对于在长时期的记忆里编译信息是极其重要的。重读每一部分的起始句和结尾句，也可以再回顾一下内容目录，或者每个章节的总结等等。当你遇到关键点时，看看是否可以从记忆中重新建构你已经学习过的那些内容。

第五章

每天高效记忆力

一、为什么关于记忆力的话题近来很热

当科技革命深深地渗透到我们的社会结构中时，我们的记忆系统正面临挑战去适应不断加速的变化。这意味着，我们要记忆比以前更多的信息——从电话号码、自动取款机的密码、多种交流系统的技巧到最前沿的科技。为了跟上时代，我们要迅速有效地处理大量的信息，当然，同样重要的是还得记住这些信息。

21 世纪最成功的人士将是那些能够编码并回忆起大量的他们认为重要的信息的人士。除身体舒服以外，记忆力更强的人开始意识到精神舒适的重要性。本章提供一个微调你的记忆网络的系统，以便你可以每天高效利用第三章介绍的一些工具。我们列举的这些技巧都很简单，很实用，也很易于操作。它们不需要很复杂地运作，即便是小孩也能学会这些技巧。

好的记忆技巧是基于相同的准则。我们有意将此过程简化了，因为一旦你开始使用这些技巧，你就会发现自己还有各种各样的其他的目的，而且也能通过其他方法提高你的记忆力。

负起责任

由约翰·哈里斯主持的一项剑桥大学的研究探索了人们日常使用的记忆方法。这项研究是关于人们具体记忆习惯的调查。研究人员会问你类似这样的问题：干杂事时你会列份清单吗？你会自编诗句或谜语来记住某事吗？你会心理意象吗？你使用记事本、便携式日历或计时器吗？

这些问题是特意用来解释两种记忆辅助物的："内向型技巧"（或心理技巧）及"外向型技巧"（或机械式记忆策略）（见以下列表）。外向型记忆辅助物（比如清单和日历）被普遍使用。但是更令人惊讶的是内向型记忆技巧（比如标词法和联系法）竟然没人使用！大多数人不会使用可以增强记忆力的技巧。如果他们在学校里学过或他们知道学习这些技巧非常简单的话，或许他们才会使用。这条底线是：如果你想有高效的记忆系统，那就提前行动。只花几秒钟来编码你的记忆，就可以明显地看出记住或没记住之间的差异。

二、内向型记忆辅助物

"内向型技巧"（或心理技巧）

- 大声读出字母表中的字母来激发回忆。
- 回顾每一个步骤或事件的顺序来重获被忘记的线索。
- 韵律法："春天来了，秋天走了。"
- 团块记忆：将"74741259"这串数字记为"a 747 for 12.59"。
- 联系法：通过将清单上的项目与容易记住的联想物联系起来记忆。
- 故事关联法：编一个故事来记忆一些信息。
- 标词法：将信息与先前存在的单词与形象相联系。
- 关键词和同音词法：想想一对鸭子来记 paradox（自相矛盾的话）这个单词，或一个女孩在追星（tracing a star）来记人名 Tracy Starr。
- 位置法：将信息与先前存在的一组熟悉的有逻辑的方位相联系。
- 缩写词和离合诗法：将关键的概念与缩写词或单词开头相同的词语相联系：用 HOMES 来记忆五大湖的名字；用"Every Good BoyDoes

Fine"来记忆高音谱号。

　　■　　与以前的知识相联系：通过将蒙哥马利与民权或 20 世纪 60 年代的国民违抗行为相联系来记住蒙哥马利是阿拉巴马的州政府所在地。

三、外向型记忆辅助物

"外向型技巧"（或机械式记忆策略）

- ■ 写清单、做记录或列提纲。
- ■ 日记条目。
- ■ 日立、日程表或计时器。
- ■ 闹钟或定时器。
- ■ 在手指上拴绳子。
- ■ 贴张提示图。
- ■ 请求他人提醒你。
- ■ 将东西摆在明显的位置。
- ■ 心中的地图。
- ■ 问题回答器和电子信息装置。
- ■ 图表、剪贴簿、视频。

四、掌握记忆法

　　使用记忆法来记忆被编码的东西肯定很简单。比如在春天种花，由于你在记忆中根植了一份暗示，你就能确信到了夏天，你的花园会很美。所有的记忆工具都在第三章有所介绍：地点法、标词法、联系法、关键词、同音词、押韵诗等技巧能够起作用是因为它们以大量的信息为大脑提供了有效的提示。所有的增强记忆力的技巧在第三章到第四章中都有介绍——从精确的观察到形成习惯都会非常有效，因为它们会鼓励你集中注意力、关心你的身体、调节你的大脑处理信息的方式。

五、增进对数字的记忆力，这真的可能吗

　　研究显示对于这个问题的答案是肯定的。卡内基·梅隆大学所做的一项研究显示，人的确能够通过练习增进对数字的回忆。在实验开始时，这个主题——一个普通的学生能够一下子回忆起将近 6 个阿拉伯数字。经过练习几周之后，他在一定程度上有所进步，在实验的尾声——18 个月之后，他可以

个案研究

取得联系

　　研究者在田纳西州范德比尔特大学做的一项简单的实验显示，将要习得的信息与现存的知识联系起来时，获取信息是多么容易呀。一组学生被要求听十句简单、无关紧要的类似下面的句子：

　　一个滑稽的人买了一枚戒指。一个秃头男读报纸。一个漂亮的女士在戴耳环。后来，测试学生们刚刚获得的信息，结果，平均 40% 的答案正确。另一组学生也听了相同的句子，只是增加了更多的细节。例如：一个滑稽的人买了一枚可以喷水的戒指。一个秃头男读报纸寻找帽子降价甩卖的消息。一个漂亮的女士戴上从垃圾桶里捡来的耳环。这组学生也被进行了同第一组学生同样的测试；令人惊讶的是，他们的表现反而好些。虽然第二组人听的句子更长，但他们记得却相当的多——有 70%。

　　研究人员指出当我们能够将大量信息联系起来——也就是说，把这些信息与我们已经知道的东西相联系或与之相一致的东西或不一致的东西相联系，这样信息就可以被更好地回忆起来。在这个例子中，学生们脑海中秃子与帽子之间的联系，一个戴着搞笑戒指的滑稽的人，或者一个很漂亮的妇女探究垃圾桶的不协调，这些建立起了更深、更方便于记忆的联想与视觉形象。

给研究人员复述将近 84 个阿拉伯数字。猜猜他是怎样完成这项任务的。通过将这些数字与他已存的知识基础联系在一起,你就会得出答案。在这个案例中,就要像他一样如一个殷切的越野赛跑者与时间赛跑。学生们记忆的增进不仅仅是练习的结果,研究人员说:成功在于他能通过联想将这些数字变成有意义的图案来提醒他。

　　每个人的一生都要与数字打交道。想想对你特别有意义的数字,一旦你认定它们,开始把它们用于联想记忆的目的。很快你就会发现你自己就在每天使用这些简单的技巧。以下几个例子中的数字可能是你已经牢记在心的重要数字。

(一)重要数字

■　生日(你的生日、配偶的生日、最好的朋友的生日、孩子的生日、亲属的生日)

■　周年纪念日(你的纪念日、父母的纪念日、兄弟姐妹的纪念日,等等)

■　重要的年份(高中毕业、爱人去世、工作成绩、战争、历史中的一些重要年份等等)

■　高尔夫球得分,保龄球得分或其他与自己最喜欢的运动有关的得分

■　驾驶执照的号码

■　社会保险的号码

■　账户号

■　银行卡的密码

■　车牌号

■　你的幸运数字

■　公路或洲际公路号

■　体育数据(运动员身份号、比赛分数、年份等等)

■　与爱好或你的收藏相关的数字(古董、硬币、蝴蝶等等)

■　号码锁的数字

■　街道地址、邮编、电话号码

　　练习使用以前牢记的单个数字,或是各种不同的数字,以便于迅速地与新的数字相联系。你越是依赖这套系统,它也就变得越可靠、越成习惯。你

所做的只是用某个有意思的东西取代抽象的东西。如果是一长串数字，那就把它分割成四部分或更少的部分。一串 11 位的数字，例如，10159711100，当分割和编码后就变成了，"101 公路与 5 号洲际公路之间有 9 千米的路程，在通过 7 ~ 11 千米及 100 个停车标志牌后，两条公路就会相接。" 11 位数的电话号码也可根据此方法分割成 3 个部分：区号、前缀及最后四个数字。银行和政府机构一直都信赖这套记忆技巧。你也能的！

（二）将数字转换成实物

如果你喜欢我，你会比记数字更好地记住具体的实物和形象；它们对你来说会更有意思。这很简单，也很好用。这意味着你可能是一个杰出的视觉习得者。也就是说，你的记忆力能更好地用视觉形象编码。如果你更倾向于用视觉方式记忆信息，你自然会像前面所举的例子那样用联想构建一个故事情节。如果你更倾向于用听觉方式记忆信息，那么，你就会形成听觉联想，如枪声、同音词、韵律。

关联词汇系统通过将数字编译成更为具体的实物而起作用。如在第三章中所讲的，这个系统需要你刚开始时花一些时间记忆代表每个数字的单词。然而，一旦你背会了，关联词汇法便能用来完成大量的记忆工作。如果你记住 10 个数字，你就能形象地将与其他超过 10 个的数字相结合。无论如何，关联词汇法是最适宜使用的且对你也很有意义。许多人（通常是听觉习得者）倾向于使用押韵标词法，例如那些熟知的童谣，"One-Two Buckle My Shoe"（请看下面的列表）。其他的人（通常是视觉习得者）觉得形状联想法会更容易记忆。（请看下面的列表）

用关联词汇法和联想法相结合的方法，将一串 11 位的数字，如 01540198136 用视觉法编码。为了方便举例，试试这个简单的联想："The hero was eating a hamburger bun stacked full like a bee hive. He ate so much he couldn't fit through the door, so he ceased to be my hero. I couldn't bear to look at a bun again without seeing a sign in my mind of a gate and a bun too fat to fit through it. The only way I could escape the thought was to climb a tree and imagine myself as a stick."（我的偶像正在吃堆得像蜂房般多的汉堡卷。他吃得太多了以至于他

押韵关联词汇法	形状联想法		
Zero..........	Hero	0··············	球
One..........	Bun	1··············	笔
Two..........	Shoe	2··············	天鹅
Three..........	Tree	3··············	两个金拱门
Four..........	Door	4··············	细长三角旗
Five..........	Hive	5··············	蛇
Six..........	Sticks	6··············	长尾巴的老鼠
Seven..........	Heaven	7··············	悬崖绝壁
Eight..........	Gate	8··············	雪人
Nine..........	Sign	9··············	气球
Ten..........	Hen		

穿不过那扇门，所以他不再是我的偶像了。即便于工作头脑中没有门及一个胖得穿不过门去的面包卷的印象，我也不能忍受看到面包卷，唯一能让我不想它们的方法是：我爬到一棵树上，把自己想象成树枝那样。）

　　上面所说的这个联想法的确很麻烦；那么，你怎样才能使这一过程更加有效率呢？通过分割长串数字使之更易处理，你还可以用这样的联想结束它：我的偶像生于 1540 年，尽管我直到 1981 年才知道她，她代表了我习得知识大树的重要枝干。(My hero was born in 1540 and though I didn't learn about her until 1982, she represents an important branch on my learning tree.)

　　当要求你马上想起一系列组合的字母和数字时，就要应用多重记忆法。举个例子，你想替换你吸尘器的袋子，而袋子的密码是 MT40911164W。通过只取首字母的缩写词将字母编码，将数字用任何组合方式编码，就能形成一个简单有效的提示法。下面这个例子就说明了一个组合的记忆法如何才能使编码工作简单化。在这个案例中，五种技巧合并使用：分割法、缩写法、有意思的数字联想法、象声词法、联系法。

　　当排成一列，它们就形成简单的句子："我的 409 型 TransAm 吸尘器吸得很快，它吸呀吸，吸了六遍。"（My TransAm 409 is so fast it will win,win,win six races just for washing it.）用一点儿想象力，你就会有无穷无尽的联想，而且感觉像个记忆奇才。

组合记忆方法

MT	My TransAm
409	（发动机规格）……会很快
111	win, win, win (one, one, one)
6	Six races
4	for
W	washing (it)

六、谁是我们中间的记忆力天才

　　大量有记录的、不同来源的案例都必须显示人类记忆潜力的深度和广度。在这里，我们将为你介绍 10 位最有意思的记忆天才。

　　1. 据说音乐指挥家阿托罗·托斯卡纳知道 250 件交响乐中每一件乐器的

记忆加速器

马路步行记忆游戏

　　你自己试试，就当作是做游戏。下面来介绍记忆术给你的家人。4 岁的小孩就能学会和使用这些简单的技巧。游戏是这样的：一个人先从眼前驶过的汽车中选一个车牌号，并用记忆法将其记住。其他人也同时记住这个号码。其中一个人描述这串数字的编码，接下来一个人重复前一个人所描述的东西。每个人都得复述，直到轮到第一个人说完整串数字为止。这个游戏是测验长时记忆的。你能依然想起你几个小时或几天前所形成的联想吗？如果还能，那你就能有效地记忆数字。

记忆加速器

机智的数字联想法

下面有一组列表，其中有包括从 1 到 1000 中的 17 个数字的可能的联想。现在，该轮到你联想一下了。

我们的列表		你的列表
1	第一名_	
5	下班时间	
7	一周	
9	猫的命有九条	
10	你的手指头数	
12	午餐时间	
14	情人节	
16	芳龄十六	
24	一天有 24 小时	
25	圣诞节	
26	马拉松比赛的千米数	
45	直角	
50	金婚纪念日	
52	一年 52 周	
100	一个世纪	
360	一个圆圈	
365	一年的天数	

每一个音符，及 100 部歌剧的台词和音乐。在一次交响乐演奏会上，当管弦乐队正准备开始演奏时，第二巴松管吹奏者发现他乐器上的一个键坏了。当得知这一消息时，托斯卡纳深思了一会儿，然后说："没关系，巴松管音符在今晚的音乐会上不用。"

2. 日本横滨的 Hideaki Tomoyori 能背诵圆周率到小数点 40000 位上，打破了以前的有人能背到 10000 位的世界纪录。

3. 安东尼奥·迪·马尔科·马格里亚贝奇，一个 1633 年出生的意大利人，用他那不可思议的照相机功能似的记忆力和他快速阅读的能力展示了他可以在读完一遍书之后将整本书的内容默写出来。

4. 达里奥·多纳特里，打破了快速记忆的世界纪录，他在听完一串 73 位的数字后，在短短 48 秒钟内精确地重述了这串数字。先前的世界纪录是在 1911 年创造的，那一次说出了 18 位数字。

5. 卡乌马塔纳，一个新西兰毛利人酋长，可以口述出他部落的、跨度 45 代人的时间和 1000 年的整个历史，每次口述要花 3 天时间。

6. 史蒂芬·鲍尔森，一个从 Les-Loges-en-Josas 公司退休的法国会计师，记住了希腊语版的荷马的《伊利亚特》（古希腊描写特洛伊战争的英雄史诗）15693 行中的 14300 行。为了完成这项壮举，鲍尔森花了大约 10 年时间；而他是从 60 岁才开始背诵的。

7. 中国哈尔滨的电话接线员苟彦玲记住了 15000 多个电话号码。

8. 红衣主教梅佐法尼能说 60 种语言，而且大部分都能熟练使用。

9. 基督教徒弗雷德里希·赫尔纳克尔，德国吕贝克人，生于 1721 年，婴儿时期就是个天才，他在 10 个月大的时候，就能复述别人说给他的每一个字。3 岁时，他就会说拉丁语和法语，而且还懂圣经、地理、世界历史等综合性的知识。可悲的是，这个天才男孩在预言他的死后不久结束了他年仅 4 岁的生命。

10. 北卡罗来纳州夏洛特市的牧师大卫·米森海默以他能将人名与脸孔对号入座的能耐而闻名。每周六，当每一位来参加圣会的人进入教堂时，他都会说出他们的名字向他们（有 1800 人）致意。他说他真不知道他是怎样做到的，但他甚至能记得 6 个月以前来过教堂的来宾们的名字。

资料来源：《吉尼斯世界纪录大全》（1996），《脑力工程师》（1995），《脑力极限》（1989），《增进您的脑力》（1991），《牢记心头》（1998）。

七、什么记忆技巧可以帮助记住一系列东西

我们已经对你说过，人们是可以通过学会一些记忆技巧，极大地提高他们的记忆力。如果不能，下面的研究发现对记忆力可能有帮助。在世界不同大学所做的研究得出了这样的结论：不用任何记忆技巧而被要求记住一份列有 30 多条项目的菜单，人们通常也只能记住其中的 10 项。然而，当这些人

被教会使用一些基本的记忆技巧后，记住的项目数就能增加到 20 项（增长 100%）。而那些使用多重记忆技巧的人们则能多次记住所有的项目（增长 150%）。下面这些基本的记忆技巧，在与你所习得的其他技巧相结合时，能将你的记忆力发挥出最佳性能。

我们来做个测验！首先给自己几分钟阅读并记忆下面这组列有 30 条项目的菜单；但是，不能使用任何你曾经习得的记忆工具。然后将单词盖起来，写出你所记住的单词。再做一次测验，但这次你能使用任何你想使用的记忆技巧或各种技巧相结合的方法。

咖啡　Coffee　水　Water　　香皂　Soap
牛奶　Milk　　果汁　Juice　　蜡烛　Candle
面包　Bread　酸奶油　Sour Cream　海绵　Sponge
鳄梨　Avocado　　莴苣　Lettuce　桔子　Orange
鸡蛋　Egg　　金枪鱼　Tuna　松软干酪 Cottage Cheese
番茄汤　Tomato Soup 糖　Sugar　　棉花　Cotton
苹果　Apple　咳嗽糖浆　Cough Syrup　　苏打　Soda
洗衣皂　Laundry Soap 花　Flower　　奶酪　Cheese
谷类食品　Cereal　　绞细牛肉 Ground Beef 芹菜　Celery
电灯泡　Light Bulb　记事本　Notepad　　铅笔　Pencil

你做得怎样？你相信了吗？或许这对你来说太简单了；也或许不简单。有很多的技巧你可以用来提高你的记忆力的性能。你觉得自己在用以下几种记忆方法？

（一）用离合诗编码

用菜单上每一个单词的第一个字母造一个句子，无论很傻还是很有意思，只要好记就行。例如，我们用杂货清单上第一行的那些项目的字母来造个句，这些字母是：

C · M · B · A · E · TS · A · LS · C · LB. 你自己试试吧。

我们造的离合诗是这样子的：Carl is pursuing an MBA in Eastern Thought Studies At Louisiana State College where he also Lawn Bowls.

一旦你造出一首离合诗，你就开始了记忆恢复：它将杂货店货架上存放的所有项目的范围缩小到你所需要的那些项目上，并将所需项目的名称缩略成单词头几个字母。这种方法在某种程度上可以提高你的记忆力；当这种方法与其他的方法相结合时，你的记忆力可能会在更大程度上得以增进。

（二）按类型列菜单

在上面的例子中，那些杂货是随意列举的；但是那份菜单怎样才能更有逻辑性地被组织呢？想想你们当地的杂货店是怎样罗列菜单的呢？你通常从哪部分开始采购？你如何布置你的杂货店呢？设想一下你自己会怎么做？现在我们来重新排列一下上面那份菜单以便让它与你常规的采购程序相吻合。将离合诗句应用于有逻辑的项目排序是十分有效的。譬如，假如你想记住太阳系中的星球，你先做一份列表（例如，从太阳开始），然后再应用记忆术。当然，当你习惯依赖内在型记忆法而不是外在记忆法时，你能用此方法更快编码这份菜单。

（三）通过地点记菜单

另一个很棒的便于组织和编码菜单的记忆技巧是地点法。你应该记得在第三章中的位置法，即位置法和标词法运行的规则一样，成对的联想。这种联想迫使你用位置法，联想的是地点而不是具体的对象。因此，每一步是先在头脑中建构起一个你熟悉的地点框架。许多人能想象出他们家的各间屋子，因为我们对自己的房子太熟悉了。无论如何，你所熟知的任何地点都能起到作用。或许，对你而言，它是大街上的商店，或者是你工作的地方，或者是你身体的一部分。我们继续来以逻辑顺序想象一下六个主要的地点——就是说，你可能面对它们的方式。例如，我经常使用位置法指示我家的走廊、入口通道、厨房、起居室、餐厅，还有浴室。你所联想地点的顺序是很重要的，因为你以后肯定会每次都这么用的。

一旦你能轻车熟路地使用你所选择的六个主要的标地法，想象四个固定的项目或在这些地方的各自的特征。例如，将走廊与大门、楼梯、长椅与门相联系。一旦你认准了每一个地点，那你就有强有力的记忆技巧的基础。第二步，就是应用这个方法。让我们再来记忆杂货清单的第一行来练习一下吧。

其实有许多种方法使用标地法。在例1中，每一项都被单独处理；在例2中，这些项目为了快捷起见被分类了。

■ 例1

我打开**大门**，走到**走廊**，将我的**咖啡**倒了。

牛奶从**楼梯**上滴流而下。

一条**面包**在**长椅**上。

鳄梨果酱从门的锁眼里喷出来。

我刚走到**通道入口**处时，看到一箱**鸡蛋**放在窗台上。

一碗热**西红柿汤**放在餐厅的架子上。

我打开了**衣橱**，可是许多**苹果**滚了出来。

我路过大厅里的**雕像**，看到**肥皂**正在它周围起泡泡。

我走进**厨房**，看到**水槽**里尽是**谷物**。

我打开了**冰箱**并思索着究竟是谁将一包**电灯泡**放了进去。

成功使用位置记忆法的关键是：当你将你用先前习得的标地法联系某物时，要唤起对每一个你要记忆的东西的视觉形象。对一些记忆工作（特别是长的清单），你会发现将它们先归类再应用记忆法记忆会更实用。我们将使用杂货菜单中相同的项目来展示这些技巧。因为我所需要的所有东西都储放在厨房，所以我能将标地法仅限于厨房；用逻辑的方式给它们排序（例如，这些东西都放在哪儿）。

■ 例2

水槽	**电冰箱**	**食品室**
肥皂	牛奶	咖啡
电灯泡	鸡蛋	面包
	鳄梨	西红柿汤
	苹果	谷物

好了，现在该你试试了。当你将上面这些列举的东西与它们各自的地点彼此联系起来时，记住下面这些关于有效联想的提醒：

（四）记住你什么时候开始产生联想

■ 尽可能栩栩如生地联想每一样东西。

- 确保形象是具体的——一个名词。
- 产生行为。
- 使联想奇异些。
- 使联想更贴近你的生活。
- 使联想幽默些。
- 确保这些东西都坚固关联在一起。
- 如果可能就使用先前习得的标词法或标地法。

八、哪种技巧可以使自己更好地记住名字和脸孔

许多记忆力提高法最基本的原则其实是一样的：注意力、视觉想象，与现存的知识相联系、素材的综合、预演和组织。记住名字和脸孔没有什么不同。就是如下这样进行的：

（一）你的注意力

记忆名字和脸孔最重要的第一步是要有这样做的渴望：许诺要记住它们。如果你立即希望自己在一个你将遇见很多陌生人的场合，看看你是否能尽早记住一列名字。如果你能的话，回顾一下这些名字，并马上开始联想。如果你要牢记人们的名字和脸孔，你的注意力就应固定在你的目标物上。记不住的其中一个最基本的原因就是思想不集中，如果你不去强调它，不要渴望会记住某人的名字。当你遇上一个陌生人时，仔细听对方并观察对方，充分使用你的感觉，注意他们最显明的特征是什么，然后详细描述。

（二）你的想象力

想想你们的名字都必须有什么意义，或者你知道有谁的名字是相重的，或者他的名字听起来像什么或看起来像什么。然后，将名字转形成具体的东西。这里有一些简单的例子：

- 当名字与某个具体的物品意思相同时，例如，Frank Ball，则想象

成在 ball park（棒球场）吃 franks。

■ 当名字听起来像某个具体的物品时，例如，Dotty Weissberg（精神不定的韦森堡），将其想象成 dotted iceberg。

■ 当名字当中包含一个形容词时，例如，Bill Green，那么想象 Bill 两眼发绿，或者想象成 Green Bill（绿色的纸币）。

■ 当名字能使你想起某一具体的事物时，例如，Bob McDonald，能让你想象到制作汉堡的场景。

■ 当名字与某地意思相同时，例如，Joe Montana，那就想象一只袋鼠居住在 Montana，或驾车去 Montana 兜风。

■ 当名字中包含一个前缀或后缀时，例如，Karen Richardson，利用你先前选择记忆的符号，好比，太阳光照耀在一个 rich（富裕）而 caring（有同情心）的人身上。

■ 当你留意到某个显著的特征时，把它与特定的形象相联系。例如，Kelly Beahl 穿高跟鞋挺好看的。这种技巧是非常有效的。

九、你知道什么

当你听到一个人的名字时，将其名字与你脑海中已经存在的某人或某物相联系。例如，当你被介绍认识希拉里·克林顿，你或许会想希拉里·克林顿正在会面丹尼斯·梅纳斯的邻居威尔逊。一些名字比另一些更难记，但不要气馁。运用想象会加深记忆的痕迹。一些研究发现，当某人的名字在初次介绍后的 2～4 分钟再出现，那么这人的名字往往易记。这个发现论证了这样一个观点：我们对某人越熟，存在的联想也越多。

（一）跟我复述

如果你忘记了一个人的名字，可以要求他再说一遍。许多人会被人奉承，说你太在意了，还再问一遍。那么通过将他们的名字用于你的对话中来牢记他们的名字（例如，告诉我，卡洛尔，你对这种情况有什么认识？），或者问问他们的名字如何拼写或其渊源。当你告别同伴时，再叫一次他的名字，（例如，很高兴能见到你，特雷西，我希望我日后还能见到你。）在你被扯入下一个对话之前，暂时停顿一下，在内心重温一下你想记起这个人的哪些事。如果你某天正在会面许多人，你可能想在口袋中放有一张索引卡以便记下人名及他们的显著特征。

（二）将重要的东西归档

一旦你记牢了人们的名字和脸孔，那你就需要编码你在哪里遇到的他们或者其他相关的事情。这样做可将人名与其他信息相综合。例如，我想回忆，我在体育馆遇到 Katie Langston， 而她却想去外面享乐。这样，我就通过想象一个球童正在搀扶一个瘦长的看上去有一吨重的妇女来加深对这些信息的印象；她穿着一件运动服而且快乐地昏死过去。也许，这不是最好的形象，但它可能是容易记住的形象。如果你的想象与我的相似，当人们不可避免地问道："你是怎么想到我那些事的"时，我建议你不要与他人想成一样的。

想想这个系统运行多么良好。花些时间用我们前面所讲的方法来研究一下下面这六个名字和面孔。记住要注意显著的特点；把名字转变成具体的物体或符号；创造一个声音暗示；或想想还有谁与之同名；然后将这些联想与动作形象或与押韵相结合。一旦你完成这些，继续读。不要担心，一旦你做完练习，还会记着这些名字和面孔的。

Carl Sandburg

Colette Carnegie

J.T.Kale

Liche Fuerte

Morgan Cummings

Lola Robertson

扫码获取更多资源

十、怎样才能帮助配偶（或父母、孩子、朋友）注意力更加集中

通常由心不在焉所致的健忘是最易治愈的。这个问题往往与几个有选择的方面有关，就像个心不在焉的人，他只注意和在乎与他工作有关的事。健忘的配偶加班时忘了打电话回家，会说："我忘记了。"但是我们上班迟到仍滞留在家中时，从来没有忘记给雇员打电话。对不对？这种奇怪的"选择性记忆"现象更多与优先感知有关，而不是因为记忆力不好。从这些"健忘的"人身上得到许诺，要比严厉指责他们更加有效。

（一）帮助孩子们记忆

忘记将垃圾带出门的年轻人与忘记完成一项重要工作的同事没有区别。提醒他们的义务并与他们一起努力去调整他们意识中的优先顺序。但你的小孩则不同。孩子培养专家警告说，不要对小孩的记忆抱太大的希望。孩子们得学一些简单的技巧，比如，将学校里的铃声联想为收作业、午饭时间、离校。对他们说："放学的铃声什么时候响？回家前先要做的三件事是什么？"用这种方式对他们作用不会太早的。孩子们显示出他们有更好的短时记忆力——一个有逻辑的事件（虽然他们很年幼）。

（二）快速记忆

比如你把上个月买来的生日贺卡放在了哪里？你将自己的车停在商场的哪个位子？你把钥匙放在哪里了？每天诸如此类的心不在焉，只要你稍稍注意一点儿就能够避免。一个便于使用的记忆技巧是假装你将相关的环境都用傻瓜相机拍下来了。暂停并保留一会儿。当你将生日贺卡塞进抽屉时，把你的手做成相机状并举到眼前拍一张照片记到你的脑海里。

（三）警官，能帮我找回我的车吗

将车停在车库里总是为你提供一个标准的视觉提示——通常车位的柱子上、升降机上或标牌上用明亮有色的数字或字母加以标识，当你注意到你把

车停在三层、D 行时，你就想象自己戴着一副看 3D 电影的眼镜。如果停车场没有提供这些明显的提示时，你就假装你正在给一名警察解释你认为你会将车停在哪里。想象这个场景的过程会防止你忘记行为的发生。为维持注意力和增强观察力所做的任何事，都会增强你的记忆力。至于回忆将钥匙放到了哪里这种小事，只要你能养成将钥匙每次总放在一个固定地方的好习惯，你的问题就能解决。

再回顾一下，做一些无聊的联想，描述某个时刻发生的事，想象健忘的后果，背诵相关信息。编码你的记忆所花的时间在自愿或不自愿的健忘中是不同的。从乘客的座位移到驾驶员座位。有了增强了的记忆意识，你就会有更多的控制力。卓越的记忆力真的不神秘。你不用买它、找它，为它而放弃什么或因它而备受压力，你只需提示就可。

十一、开发孩子的记忆

一个小婴儿的天生脑细胞要比他／她以后得到的脑细胞多。事实上，最初的几年是最关键的，将标志着人一生最富有成效的学习时期。这个在人生中很早的、意义深远的学习期是不是意味着小婴儿有记忆能力。一些科学家们猜想记忆力可能早在子宫中就开始在形成。还有一些科学家则认为，只有我们有了意识能力，我们才会形成记忆。或许，关键在于怎样定义记忆。下面这些例子反映了一个新生儿的认知能力和记忆力；但它仍然指向出生前的记忆类。

研究显示了新生儿在经过两个星期的"训练"后从众多声音中分辨自己母亲声音的能力，并能认出不同寻常的单词（像易燃物或诱骗），这种训练就是将这些单词重复给婴儿听 10 次，每天 6 遍。另外，一项研究发现，婴儿还会"选择"打娘胎里就开始经常给他读的故事。这个能解释一个人能分辨乐器类型和音乐的天生听力吗？《还未出生的小孩的秘密生活》的作者托马斯·弗尼，讲述了汉密尔顿·安大略交响乐团指挥家鲍里斯·布若特的故事。布若特从小就被发现他能不学任何乐曲便可演奏某一复杂的曲子。他的母亲是一个专业的大提琴演奏家，她还记得在她怀孕期间，她经常一遍又一遍地演奏这首乐曲。

　　其他一些学者们认为，大多数人在2岁或3岁之前是不可能记住任何东西的，因为婴幼儿（在拉丁文中，婴幼儿指不会说话的意思）不会用语言标识或加工经历。如果意识是记忆力的必要组成部分，这个假定就有意义。一个小孩必须首先学习外部的世界才能在其脑海中产生印象。若无有差别的意识，信息则不可能以易记的方式被加工。这样的话，知识基础则需要比根本的、形成记忆的更多的东西。这种根本的、记忆的形成可能包括对象属性、功能联系、原因、影响的理解、空间意识和时间的基本意识。当大多数人被问及他们最早的记忆是什么时，大都发生在3岁左右——这是（脑内的）海马体（即有意识记忆的大脑构造）完全发育的时候，　回忆这个年龄之前的场景都是图片式的——色彩丰富且细腻、但缺乏内容。当3岁小孩的语言能力得到发展，他们便开始显示出一些"长期"记忆的习得能力。无论如何，小孩的长期记忆（相对而言）不像他们的短期记忆那样运作，这是因为他们的时间感发育还不完全，而且他们还缺乏记忆关系远的事件。

　　由于小孩的认知力的发展会在快到3岁时有所波动是很正常的，父母和老师们应该保持耐心与灵活性，并留心心理准备就绪的信号——能够学习的先兆。当小孩具备此能力，教给他一些技巧，例如复述、分类，为解决现实问题提供建议。这样可以帮助他们学会记忆控制力。教会小孩如何为再次回忆安排提示（见第三章　家庭娱乐记忆法）。以过去的经验强调学习。让他们练习猜谜、玩游戏和强调匹配、发现和回忆玩具。把押韵与你想让他们记住的概念相关联。在这个阶段，带给他们愉悦的学习过程的感觉是非常重要的。记着孩子越大，他们就越能处理更多的信息。

　　提供丰富的环境。电影《死亡诗社》（The Dead Poet's Society）展示了环境能在多大程度上影响到孩子们的学习与记忆。如果你看过这部电影，你会记得影片中有许多地点与环境的转变；孩子们的情绪也在变化；运动与新颖奇特的事物被综合；而且一个真实的学习机会对学习过程提供了深刻的有意思的感觉。当然，有意义的事并不必然发生在一个大场合。就个人而言，我仍然能背诵马科思·艾尔曼的《渴望之物》（Desiderata），这多亏我母亲在我不到9岁时给我造成的一个挑战。那年当我问她想在生日那天得到什么时，她的回答是："只要你能为我背会《渴望之物》就行。"那可能是我给她的一份礼物；反过来，它同样也是她给我的礼物。教孩子们使用他们的记忆力是使他们受益直到晚年的课程。

看脸孔写人名

还记得本章前面的这个练习吗？将名字与其脸孔编码存入你的脑海。这里给你一个机会看看你练习得怎样。看下面这六张照片并留心记在脑子里。这些人的显著特征会在你眼前闪现吗？如果是，继续接下来的提示。

如果你记不起这些人名，看看你能不能在下面的名单里认出与他们匹配的名字，认出比回忆简单，因为一个线索引发你的联想足已。它可以给我们一个起始点，而不是非得让我们绞尽脑汁地去想出每一个人名。为了加强你对人名和脸孔的记忆力，试着将人们的表情（或他们最显著的特征）与其有意义的、具体的、代表其名字的形象相联系。

如果你能把在这一章里学到的技巧综合到你的日常生活中，不久你就会自动使用。就像你学骑自行车一样简单，你会回过头来看并想着，何时自己也学会了这种好的记忆人名与脸孔的平衡术和技巧。

"看脸孔写人名" 的认知练习

现在你能分清楚谁是谁了吗？

John Sanders, Liche Fuerte, Samson Adams, Carl Sandburg, Sonja Ortiz, Morgan Cummings, J.T.Kale, Lola Robertson, Henry Austin, D.K.Custer, Colette Carnegie.

第六章

自然的记忆力营养物质

一、饮食如何影响记忆力

多年来，人类一直在寻找发掘记忆潜能的最有魔力的方法。这种努力并非一无所获。这种魔力虽然不像灰姑娘的水晶鞋那样令人惊奇，但却存在于普通得不能再普通的东西——食物之中。过去几十年，人类研究了营养、医药、自然恢复以及身心关系等领域，肯定了饮食对大脑功能的重要性。不断进行的研究支持了如下主张，即不良的营养会严重影响学习和记忆。如果你感觉良好，你的注意力就会更集中；这个显而易见的现象的实质是，稳定的能量流动可以使大脑发挥最佳功能。能量从哪来呢？就在你吃的食物中。

如今，健康饮食包含许多因素，已经不仅仅是五种基本食物类别的平衡。无论是吃天然食品，多喝纯净水，控制脂肪、糖、盐的吸收，还是限制摄取防腐剂、添加剂和化学食品，都是保持最佳头脑和身体效率的关键因素。除此之外，健康饮食还要求我们摄取足够的蛋白质、碳水化合物、有益脂肪、维生素、矿物质以及大量的纤维。包含大量水果、蔬菜、谷类和蛋白质的饮食结构可以提供大脑必需的碳水化合物、维生素 B、抗老化物质和氨基酸；但是，我们对营养和自己身体了解得越多，就越会发现更多的因素在起作用。

本节的目的在于为记忆力的健康提供一个总体框架。我们将关注对认知功能有直接影响的饮食元素。如果你正在经历麻烦或是打算改善现在的生活方式，健康理疗专家的建议很重要：它涵盖了跟你健康有关的方方面面，虽然它不是必须遵守的规范。

喂饱饥饿的大脑

简而言之，你的精神健康高度依赖于你的饮食好坏。为什么？因为你消耗的东西直接影响着负责体内细胞之间联系的神经递质。大脑承载着重要的使命，需要大量的、比身体任何其他器官都多的能量。大脑只占身体总重量的 2%，但却消耗着身体摄氧量的 20%。无论是睡觉、读书还是跑马拉松，大脑都需要持续的燃料供给；燃料来自于氧和葡萄糖（血糖），贯穿于身体内的血液中。如果无法得到制造能量所需的营养，大脑是最先的受害者。这不是夸大其词，大脑与肝脏和肌肉不同：肝脏和肌肉储存着能量，使其迟一些即可恢复；大脑则没有能量的储存。如果血液内的葡萄糖水平太低，大脑将会失去功能。这时，你会感觉精神恍惚，无法集中精神；情况糟糕时，你会感到急躁、易怒、失控、视线模糊、健忘、思考能力减退——这些症状都是低血糖的表现。不过，消除这种大家都有过的症状的方法绝对是你力所能及的：只要向大脑继续供给足够的能量。在我们继续研究饮食对记忆力的影响之前，思考以下的一些问题。不要考虑能否"正确地"回

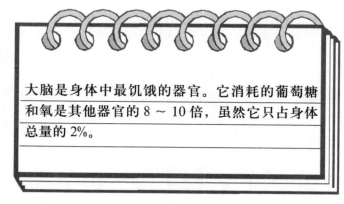

大脑是身体中最饥饿的器官。它消耗的葡萄糖和氧是其他器官的 8 ~ 10 倍，虽然它只占身体总量的 2%。

答它们。这些问题只是想让你思考（并非严格地判断）你的饮食经验和方式；因为正如你所知，我们似乎更容易记住与自己相关、对自己有意义的信息。

记忆加速器

关注你的大脑的饮食

请花点儿时间在你的记忆日志里回答下面的问题。这些问题用来增强你对饮食习惯的意识，而非评价你的食谱。你的答案肯定会比现实生活的食谱更笼统，不要担心。回答问题时考虑一下过去的一周或一个月，仅仅关注方式和整体，不要过多考虑生活中的特例和不确定性。当你关注了自己的饮食时，本章的内容就会更具关联性且更有意义，这样它便能更好地与你的记忆系统结合起来。

■ 你的早点通常包括什么食物？你以什么样的顺序吃掉食物？

■ 你的午饭通常包括什么食物？你以什么样的顺序吃掉食物？

■ 你的晚饭通常包括什么食物？你以什么样的顺序吃掉食物？

■ 你是否吃糖果和其他含糖食物或者喝甜饮料？是否常常如此？吃或喝多少？有何感受？

■ 你是否吃减肥食品或喝减肥饮料？有多少种类？它们含有什么样的糖替代品？

■ 你如何知道你摄取了足够的营养？或者说你是否知道摄取了足够的营养？

■ 你经常不吃饭吗？如果是这样，是否总是在同一时间不吃饭？

■ 你是否有时发现自己突然变得易怒？

■ 你是否有规律地服用补品食物？补品食物中包含什么营养种类？

■ 你多长时间会吃一次小餐？吃小餐时你通常吃什么？

■ 你是否喝咖啡或含咖啡因的饮料？如果是，每天多少杯或多少罐？

■ 你多长时间会吃一次快餐、包装袋食品或其他高度处理的食品？

■ 你每天喝多少水？

■ 你是否喝酒精饮料？如果是，喝多少？

■ 如果可能，你是否会买有机产品？

■ 你是否经常感觉精神迟滞？

■ 你是否会补充营养？如果是，补充什么营养？

等你读完这一章，再想一想你的饮食习惯。你会不会想要做些改变呢？将你的想法记录在你的记忆日志里。

二、智慧食物与明智的选择

走入像希尔斯这样的健康食品商店是一种难忘的经历——至少会被吓到，还可能是感官上的享受。它向我们展示了现今可供选择的喂饱大脑所需之物。不幸的是，有太多的因素会导致不好的饮食习惯，比如矛盾的思想观念、图便宜的想法、攀比的心理以及潜意识作怪等。与记忆力相关的营养学很年轻、充满活力。它涵盖了维生素、矿物质、氨基酸和"增强脑力"物质的作用。以下是对它的综合介绍。

神经细胞是大脑表现的决定性组成部分，良好的营养有助于提升神经细胞的功能。

（一）蛋白质的力量

大脑需要蛋白质来保存"化学汤剂"——神经递质以便保持最佳状态。虽然蛋白质不会在我们需要时马上转变成葡萄糖，但它可以通过消化分解成为组成神经递质的氨基酸分子。这既不代表着你要大量地吃下蛋白质，也不是说蛋白质让你变得更聪明；可是没有了它，你的大脑功能势必会减弱。

如果你需要在饭后保持最高的大脑效率，有下面几种选择。你可以吃只含有蛋白质的食物，最好是包括低脂肪的鱼类、家禽或瘦肉。更可行的办法是食物中含有一点儿蛋白、一点儿脂肪、些许碳水化合物以及适量的卡路里。许多营养师指出，如果食物中混合着蛋白质和碳水化合物，那么至少先吃掉1/3的含蛋白质的食物再吃别的东西。简言之，如果碳水化合物比蛋白质先达到大脑，大脑反应就会迟钝。我来告诉你原因。

（二）氨基酸在脑中的赛跑

两种重要的氨基酸——色氨酸（来自碳水化合物）和酪氨酸（来自蛋白

质）——在你吃下食物后"赛跑"谁先到达你的大脑。如果你打算饭后放松或睡觉，那么最好是色氨酸赢；如果你想保持大脑清醒，那就希望酪氨酸赢吧。下面是一个记忆诀窍，帮助你分清哪个是哪个：

碳水化合物＝色氨酸（有助休息）；蛋白质＝酪氨酸（有助思考）

这两名滑雪运动员各就各位。碳水化合物，又称"意大利面条式头"，先开始行动。然而当它跑到门口时便决定坐等比赛结束。与此同时，蛋白质，又称"肉头"，验证了那句"良好的开端等于成功的一半"，它成功取得第一名，作为聪明的胜利者自我陶醉了。

色氨酸会引起大脑迟钝是因为它刺激神经递质血管收缩素所致；而酪氨酸刺激的是神经递质多巴胺、去甲肾上腺素和肾上腺素。你怎样才能通过联

个案研究

促进思考的食物

在马萨诸塞理工学院进行的一项研究中，研究人员让40个男人（18～28岁）吃了一顿火鸡（含3盎司蛋白质），然后让他们做一些复杂的脑力工作。另一天，这些人又吃了4盎司的小麦淀粉（几乎是纯粹的碳水化合物），然后在相同条件下再次挑战大脑能力。结果不出营养师们的意料，记录显示与早先的蛋白质餐相比，吃下碳水化合物后大脑表现有显著的下降。其他研究同样证实了这个结果，并且进而发现40岁以上的成年人似乎比年轻人更易受碳水化合物效应的影响。事实上，年龄较大的这组人吃过大量碳水化合物后比同龄的只吃蛋白质的人在注意力集中、记忆和做脑力工作方面困难了两倍。

想记住这些新的信息呢？

（三）有镇静作用的碳水化合物

虽然蛋白质具有增强精神集中的作用，但这不代表碳水化合物要退出竞争。就餐时吃些面包、面条、土豆和果冻也会有很好的作用，就是当你想忘掉一切，放松、减轻压力的时候。大脑中的情绪装置十分敏感，即使是小量的食品也会迅速对身心产生显著的影响。打个比方，《控制你的思想》和《食

物影响心情》两书的作者朱蒂斯·乌尔特曼博士说，只要 1 ～ 2 盎司的碳水化合物（一些甜的或含淀粉的食物），已经足以减轻压力，使你的神经镇静下来。

坦普尔大学医学院和得克萨斯理工大学进行的一项实验发现，当女人（18 ～ 29 岁）吃过含大量碳水化合物的饭后，昏昏欲睡的感觉会加倍。我们给您的建议是：情人节在床上吃早餐时，摆上一堆饼干、黄油和果酱。但是，当

记忆赛前练习

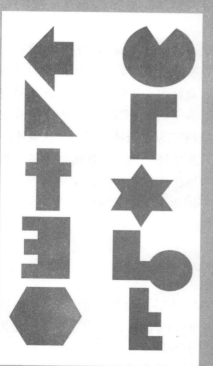

大吃一顿后进行思考

你是否准备好了大吃一顿后检测你的注意力？你可以做一个简单的实验：吃一顿含大量碳水化合物的饭，而后另一天（一星期左右）吃一顿含大量蛋白质的饭，且注意吃其他东西前先吃掉至少 1/3 的蛋白质食物。吃完每顿饭后都做下面的练习并比较你认知能力的表现。将你实验的结果记录到你的记忆力日志里。练习 1 的第二部分和练习 2 在第 120 页。

练习 1（第一部分）

吃过含大量碳水化合物的饭后半个小时做下面的练习以及第 120 页的练习 2。记录下你的结果。第二次吃下含大量蛋白质的饭再做一次练习。准备好了吗？好，仔细观察左边的 10 个图形 1 分钟，努力记住它们。然后翻到第 120 页按练习 1 第二部分和练习 2 的要求做。

你大脑是否清醒事关能否晋升时，烤鱼或鸡肉沙拉就是你的高能量午餐的更好选择了。

（四）好脂肪、坏脂肪

你是否曾经身体发福呢？如果答案是肯定的，可能你已经完成了这样一种转变：由喜爱黄油到由衷地选择大豆油或橄榄油。这个转变不仅有利于你的身体，还有利于你的大脑。下面这个里程碑式的研究可以支持你的选择。

为了研究食入脂肪的影响，多伦多大学营养学副教授卡罗尔·格林伍德博士和同事们用三种不同食物分别喂养三组动物并进行比较。第一组的食物富含大豆油中的不饱和脂肪；第二组的食物富含猪油中的饱和脂肪；而第三组吃标准的伙食以便提供比较的基准。研究人员于 21 天后测试了动物们的学习能力，发现食用大豆油的动物不仅比另外两组学得快 20%，而且不容易忘记所学的东西。

脂肪是我们饮食中的必要元素。它提供了许多组成脑细胞的天然原料。然而关键是要适量食入好的脂肪。好脂肪存在于红花、葵花、橄榄或大豆榨取的油中；也含在像鳄梨、坚果和鱼这样的食物中。脂肪的新陈代谢是身体内一个漫长的机能过程，它需要的时间远远多于其他营养物质。为了完成这个过程，血液从其他器官流入胃中。这时，脑部的血流量会减少，这就能解释为什么吃过高脂肪食物后注意力会减退。高脂肪的饮食（超过饮食总卡路里数的 30%）会更多地导致诸如心脏病、中风、癌症这样的致命疾病；并且还显示出会减缓思考能力。低脂肪饮食易于消化，保持动脉的健康，并使头脑更加清醒，精神更加集中——这是良好记忆力的一个前提。

（五）咖啡因问题

你喝咖啡吗？你选择什么样的咖啡？你喝不喝其他含咖啡因的饮料？喝多少？你是否希望你没有喝过？许多年来，对咖啡的研究一直集中在咖啡因的影响上。看起来这种全世界的消遣反映了大众饮食矛盾之一。夏洛特市北卡罗来纳大学的一项研究发现，一杯咖啡中所含的咖啡因足以影响你对新学知识的回忆能力；然而马萨诸塞理工学院的另一个研究却发现咖啡因在许多指标上促进了大脑的表现（朱蒂斯·乌尔特曼 1988 年）。尽管两份报告存在矛盾，但没有科学证据显示适量地摄入咖啡因对健康有长期的不好的影响。乌尔特曼博士说："由同等受尊敬、客观的研究人员进行的研究会反驳所有关于咖啡因与健康问题有关的报告，他们则指出没有这样的关联。"

咖啡的矛盾在于，它可以刺激大脑，但同时又可以减少大脑内的血液流动。因此咖啡因被用于治疗偏头痛，它帮助收缩大脑中扩张的血管。可以肯定，咖啡因饮料可以使精神迅速清醒并持续至多六个小时。但是，还是那句老话，"过犹不及"，在这儿很适用。咖啡因对有些人会产生副作用。如果饮用咖啡因饮料后出现失眠、神经过敏、多汗、头痛、胃部不适等症状，你一定要停止再饮用了。你应该考虑用一罐Smartz（健脑饮料）或其他健脑饮料来替代早晨的那杯咖啡了。找那些含磷脂酰基胆碱、磷脂酰丝氨酸和其他健脑物质的饮料，这些可口的补品可以对你的大脑起和咖啡相似的作用，但少含咖啡因。

（六）糖的问题

刺激大脑交流和蛋白质生产的化学能量几乎全部来自葡萄糖（一种单糖）。英国科学家让学生在下午喝高葡萄糖饮料并研究了其效果。学生们的注意力有了很大提升，而且在做困难工作时失败较少。这是不是说孩子们学习时要给他们吃些高糖的食品？恐怕不是，大多数营养专家说许多孩子（还有成人）吃糖已经太多。实际上，有些个案表明儿童会因为高糖饮食引起过度兴奋和学习能力下降。可是，我们的身体仍然需要血糖来提供能量。所以，在低血糖情况下学习知识或做重要的事可不是个好主意。最新研究发现淀粉比糖能更快地提升血糖水平。因此，我们向您推荐的健脑小食品是饼干或曲奇。尽管有些想法认为水果可以提供更多的能量，但事实上果糖无法直接向大脑提供能量，因为果糖不能通过血脑屏障。而蔗糖（葡萄糖和果糖的化合物）却能够做到（沙夫特斯 1992 年；格尔德 1995 年）。

三、关于补品的争论：为什么？为什么不？

你认为营养补品有作用吗？这个问题总是引起激烈的争论。争论的一方

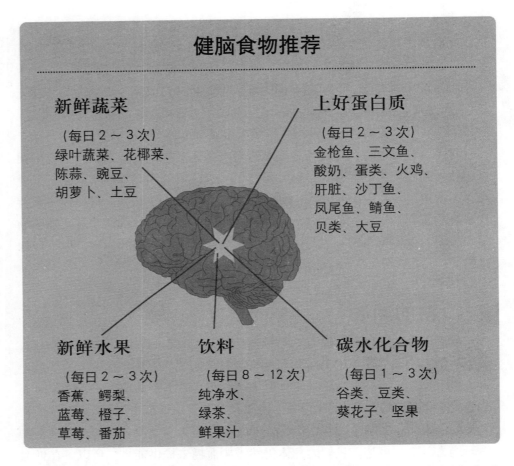

健脑食物推荐

新鲜蔬菜

（每日2～3次）
绿叶蔬菜、花椰菜、
陈蒜、豌豆、
胡萝卜、土豆

上好蛋白质

（每日2～3次）
金枪鱼、三文鱼、
酸奶、蛋类、火鸡、
肝脏、沙丁鱼、
凤尾鱼、鲭鱼、
贝类、大豆

新鲜水果

（每日2～3次）
香蕉、鳄梨、
蓝莓、橙子、
草莓、番茄

饮料

（每日8～12次）
纯净水、
绿茶、
鲜果汁

碳水化合物

（每日1～3次）
谷类、豆类、
葵花子、坚果

认为如果饮食包括了各种食物、新鲜水果、蔬菜，那么饮食中的维生素水平就足够了。另外的人则说，身体不能储存水溶维生素；许多人仅在必要时吃些并不营养的方便食物；而且有些营养物质在平时的食物中没有达到足够的量：补品可以保证良好的营养。

在完美的世界里，营养补品恐怕没有必要。我们都吃"贴着地面的食物"——就是说吃那些未经处理的、没有防腐剂的、没有污染的天然有机食物。可是，我们吃的食物许多都是经过处理的，并且我们的环境长期暴露在各种毒素下，平均营养水平受到了无法估量的损失。食用一些草药、营养品，甚至人工合成的化合物可能会丰富饮食，实现营养最佳化。许多人表示吃过营养品后精神清醒，注意力更加集中。他们还发现如果减少睡眠，这种警醒会维持更长时间。这些表现是学习过程的砥柱，人们需要它们来赶上现今世界的脚步。

理所当然，一个问题的改正过程总是比预防过程更显而易见，因为在预防过程中没有什么症状告诉我们恢复的进程。所以，大脑功能良好的人比那些大脑有问题的人更少地感觉到食用补品的效果。但这并不代表着良好的营养对良好的大脑不重要。维持大脑能力与提高大脑能力一样重要。许多与年龄，比如衰老有关的退化可以通过恰当的营养维持和坚持不懈的脑力与体力锻炼缓解和减少。总结一下这场争论，有些人看着维生素补品说"为什么"；另外的人则说"为什么不"。

合理的营养有助于保护我们的大脑免受外部环境中毒素的侵害，并保证我们得到足够的维持高能量水平所需的氧。

这里的关键是当一个理智的消费者。许多医生不会轻易建议病人食用补品，因为剂量太大的情况下有些维生素是有毒的，且会与处方药——如心脏病药品产生不良反应。从另一方面说，有许多人的的确确从服用适量的补品中获益。可以解释这个矛盾的一个因素是：维生素缺乏不容易确认，因为像疲劳或免疫系统功能减弱这样的症状可以由多种原因引起，营养上的缺乏只是其中一个原因。还有一个问题是，一些人不知道营养不良会影响他们的认知能力甚至是身体健康。你感觉精神迟滞吗？为什么不考虑所有可能性呢？

即使是轻微的营养不良或饮食失衡也会使小孩和大人学习起来更加困难。1988 年对威尔士学生进行的试验发现补充维生素及矿物质提高了他们的非语言智商水平。这个发现说明他们以前的饮食缺少有利于大脑表现的维生素和矿物质。另外，英国对 90 个十二三岁儿童的研究也得出了相同的结论。新墨西哥大学医学院对成人进行的实验报告，他们的记忆力及非语言抽象思考能力测试分数低，与其血液中维生素 C、维生素 B_{12}、维生素 B_2 和叶酸水平低有着关联。

这些实验强调了紧跟现今营养学研究脚步的重要性。科学家已经确定了 45 种人体必需的营养——对健康必不可少，身体不能自己制造，必须通过饮食摄入的营养。任何一种必要营养的缺乏都将导致健康衰退或大脑功能受损。这些必要营养包括 20 种矿物质、15 种维生素、8 种必要的氨基酸和 2 种脂肪酸。为了良好的健康状况，我们需要足够量的每一种营养。虽然推荐每日限额为我们提供了需要营养量的基本建议，但它制定于多年前，且目的在于减少疾病而非维持最佳脑力和身体健康。

四、建构大脑的维生素和矿物质

维生素在大脑新陈代谢过程中扮演着关键的角色。许多研究显示维生素缺乏是精神病患者和老年人中的普遍问题。即使是微量的维生素缺乏也会导致精神抑郁和情绪失衡。

通常情况下，最先的营养不良迹象代表着大脑功能的衰退。

圣迭戈沙克生物研究所研究人员最近发现维生素 A 在学习和记忆过程中起作用。研究的发起者罗纳德·埃文斯博士说："我们很早就知道维生素 A 是一种重要的防氧化剂，而且它使得发育中胚胎的神经系统能够良好发育。但这只能作为维生素 A 对大脑功能很重要的第一个证据。"维生素 A 进入细胞神经末梢并在细胞内引起生化反应，它起的作用是长期潜意识的一个极为重要的方面。

如果没有摄取足量的维生素 B 系列，将引起精神抑郁、智力受损甚至是精神错乱。维生素 B 系列对大脑功能的重要是因为它们是催化剂，没有了它们的作用，脑内许多化学反应无法进行。饮食中缺乏维生素 B 系列，尤其是维生素 B_1、B_3 和 B_{12}，会产生记忆受损。任何损耗维生素 B_1（硫胺素）的物质，如压力、酒精、药物或营养不良都会导致短期记忆力及其他认知功能的损失。维生素 B_3（烟酸）的缺乏会引起神经过敏、失眠、易怒、抑郁、焦虑及精神紊乱等。而维生素 B_{12} 的缺乏会引起注意力和记忆力的问题以及抑郁，甚至是幻觉。简单的维生素 B 复合物补品就能保证你的大脑有足够的维生素 B 将饮食中的蛋白质和碳水化合物转换成重要的大脑能量。

维生素 C 帮助大脑用蛋白质制造神经递质，这对思考和记忆很必要。新墨西哥大学医学院的一项研究发现，进行短期记忆和解决问题能力测试时，血液中维生素 C 水平越低，测试得分就越低。维生素 C 还是重要的防氧化剂。

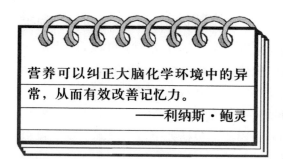

营养可以纠正大脑化学环境中的异常，从而有效改善记忆力。
——利纳斯·鲍灵

维生素E对向肌肉供氧和保护健康大脑免受自由基和衰老过程带来的负面影响起重要作用。初步的研究说明维生素E可以延缓阿尔茨海默氏病的发展；位于马里兰州贝塞斯达的国家老年化研究所最近宣布，它将为一个耗资两千两百万，囊括全美65个研究中心的科研项目提供基金，这项科研要研究高剂量维生素E药丸是否能防止刚开始有记忆力问题的人发展成为痴呆。

尽管关于矿物质对大脑作用的研究较少，但科学家们已经确定了3种对好的记忆功能尤其重要的矿物质——硼、锌、镁。此外，锰、铁、钙、铜和硒也在某些个案中显示出对学习能力有影响。美国农业部人类营养研究中心的研究人员发现每天摄入3毫克的硼可以使人精神警醒，促进学习能力。中心内进行研究的科学家詹姆斯·彭兰德博士还发现如果不摄入足够的硼、铜和锰会有损于记忆力、思考力和情绪。缺镁会迟缓脑部血液循环，从而使记忆出现混乱；缺锌与精神紊乱甚至是阿尔茨海默氏病有着联系，对老年人尤为明显。得克萨斯大学所研究的妇女们补充锌之后表现出记忆单词和图形能力的上升；俄勒冈大学的唐·塔克博士研究发现成年人补充铁后警醒、记忆甚至语言流利程度都有上升。缺铁的儿童表现出注意力集中时间短以及难于学习新知识。

五、大自然给神经营养物的恩惠

个体在年龄、饮食、健康、营养状况、生化特性和与其他疗法相互作用方面的差异给制定一个大众化的、有益于神经健康的建议带来了麻烦。在开始食用新补品之前一定要咨询有信誉的营养专家或有治疗经验的医生。由于这个领域充满活力，我们建议你以下面的纲要作为继续学习的起始点。

（一）氨基酸：大脑营养品

人体中所有已知的蛋白质都由20种氨基酸组成；其中的12种可以在体

内生成，因此被称为"非必需氨基酸"。另外的 8 种，即必需氨基酸，则要从饮食（或营养补品）中获得。科学家发现含有某些氨基酸的补品增进精神警醒，缓解疲劳并提高大脑敏捷度。但他们又指出，大剂量地摄入任何一种氨基酸都可能最终扰乱体内新陈代谢的平衡。所以说要适量才行。

■ **苯基丙氨酸** 苯基丙氨酸是一种重要的氨基酸，它为制造儿茶酚胺提供原材料。儿茶酚胺是一系列的神经递质，包括去甲肾上腺素、肾上腺素和多巴胺等。儿茶酚胺对精神警醒和精气神儿有促进作用，在传递神经冲动的过程中作用也很大。苯基丙氨酸能够消除精神抑郁（在80%的情况下），提高注意力、学习能力和记忆力以及控制食欲。它通常含在鸡肉、牛肉、鱼类、蛋类和大豆中，摄取之后身体会产生更多的酪氨酸（对精神警醒有重要作用）、多巴和多巴胺（对治疗帕金森症有重要作用）以及去甲肾上腺素和肾上腺素（对学习和记忆有重要作用）。人到 45 岁后体内一种抑制去甲肾上腺素的酶会增多，所以随着年龄的增长要特别注意苯基丙氨酸及它的影响。

■ **酪氨酸** 另一种被称作酪氨酸的氨基酸在医学上具有抗精神抑郁、提高记忆力和加强精神警醒的作用。酪氨酸通常含在鸡肝、干酪、鳄梨、香蕉、酵母、鱼类和肉类中。马萨诸塞州纳提克的美国陆军环境医学研究所于 1988 年宣称酪氨酸既是良好的兴奋剂，也是在压力下促进精神和身体表现的镇静剂，且没有副作用。身体利用废弃的苯基丙氨酸（另一种氨基酸）就可以制造出酪氨酸，两种酸都产生影响情绪和学习能力的神经递质去甲肾上腺素。

大多数的记忆力补品都包含活性的苯基丙氨酸、酪氨酸和谷氨酰胺。

■ **谷氨酰胺** 身体内的生化过程产生了一种被称作谷氨酸的非必需氨基酸，它是大脑的燃料并控制着多余的氨物质。但是，

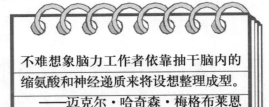

不难想象脑力工作者依靠抽干脑内的缩氨酸和神经递质来将设想整理成型。
——迈克尔·哈奇森·梅格布莱恩

关于谷氨酸最有趣的却是它是除葡萄糖外唯一作为大脑燃料的化合物。谷氨酸通常含在所有小麦和大豆中。人们早就知道为了更好地记忆和学习需要提高谷氨酸水平，但以前的问题是它无法以补充的形式被大脑吸收。可喜的是，研究人员已经发现谷氨酸的一种——谷氨酰胺能够穿越保护大脑的障碍，起到促进智力的作用。除了对记忆力有好处之外，谷氨酰胺还能加速溃疡的恢复，

对控制酗酒、精神分裂、疲劳和嗜好甜食也有正面作用。

（二）磷脂：润滑你的脑细胞

磷脂通常存在于脑细胞脂肪中，包括卵磷脂、磷脂酰丝氨酸、磷脂酰基乙醇胺和磷脂酰基肌醇。所有的磷脂都能提升细胞膜的流动性，这对细胞灵敏性、营养加工和信息转移十分必要。但卵磷脂和磷脂酰丝氨酸对记忆力的作用通过帮助提高脑内乙酰胆碱数量、刺激大脑新陈代谢和细胞流动实现。

■　卵磷脂　食用胆碱是神经递质的前身——乙酰胆碱，它对学习和记忆很重要。通过实验说明胆碱可以提升人的记忆力、思考力、肌肉控制力和连续学习能力。政府科学家及美国国家卫生研究所最高官员克里斯蒂安·吉林博士说："我们的实验显示，让人摄入胆碱可以提升惊人的 25% 的记忆力和学习能力。"随着胆碱的摄入乙酰胆碱的生产会增加，关系到细胞间的信息传递。按照政府科学家的说法，这些"思潮的路径"负责着记忆的过程。

胆碱通常含在富含卵磷脂的食物中，如蛋黄、三文鱼、小麦、大豆和瘦牛肉。一种被称作卵磷脂的集中形式的胆碱可以被制成药片。卵磷脂集成物提供了天然卵磷脂，但磷脂酰基肌醇和磷脂酰基乙醇胺会与之竞争吸收，尽管它们也含在卵磷脂中。

因此，吸收卵磷脂的最好方法就是 75% 含量的纯脂，如卵磷脂 900，不含其他磷脂。卵磷脂 900 下面的许多牌子都能买到。研究表明每天补充 3 粒胶囊可以提升 50% 的胆碱水平且没有任何副作用。

■　磷脂酰丝氨酸　临床心理学家、马里兰州贝塞达记忆评估学术会议研究员托马斯·科鲁克博士说补充通常存在于脑内脂肪酸中的磷脂酰丝氨酸最多可能逆转 12 年的跟年龄增长有关的脑力衰退。在他的研究中，每天服用 100 ～ 300 毫克磷脂酰丝氨酸的病人表现出了 15% 的学习能力和记忆力的提高（科鲁克 1998 年）。20 世纪 70 年代的实验支持了科鲁克的发现。除此之外，磷脂酰丝氨酸还对帕金森症、阿尔茨海默氏病、癫痫和与老年脑力衰退有关的精神抑郁有治疗作用。X 光检查和脑电图显示磷脂酰丝氨酸刺激大脑几乎所有区域的新陈代谢。磷脂酰丝氨酸还可以保持细胞膜的灵活性以应付因年长而硬化的细胞结构。

> 许多格言都反映了鱼是健脑食物这样一条真理。总之，鱼类比任何已知的其他食物都含有更多的促进认知力的物质。

（三）其他记忆／大脑必需物质

■　核糖核酸　核糖核酸（RNA）和脱氧核糖核酸（DNA）存在于每个细胞的细胞核内。它们承载着遗传信息并指挥蛋白质的生产。RNA 是学习和记忆难题的关键。20 世纪 70 年代进行的惊人的研究中，被移植了受过训练老鼠的 RNA 的老鼠同样表现出了受过训练的特征。其他的研究中补充了 RNA 的动物学习十分迅速且延长了 20% 的寿命。然而，被注射了破坏 RNA 的酶之后，它们便无法学习了。就人类而言，RNA 是组织修补、恢复和大脑发育的关键因素，通常存在于鱼类（尤其是沙丁鱼）、贝类、洋葱和啤酒酵母中。补充 RNA 提高大脑能量和记忆力，保护大脑免受脂肪氧化的伤害。

■　烟酰胺腺嘌呤二核苷酸　临床实验中，80% 的帕金森症患者从补充 NADH（烟酰胺腺嘌呤二核苷酸）中获益。NADH 是营养和自然康复领域的"新人"，它表现出可以提高大脑活力以及阿尔茨海默氏病患者、帕金森症患者、慢性疲劳患者和精神抑郁患者的运动神经能力。注意力、能量、情绪和体力的改善也有报告（博尔克马耶尔 1996 年）。NADH 在生物学上被称作辅酶，存在于所有活细胞中，且在身体制造能量过程中起中心作用，尤其是对大脑和中枢神经系统。它的工作是刺激多巴胺和其他神经递质的生产。

■　雌性激素　科学发现雌性荷尔蒙支持大脑功能，如今被用来治疗阿尔茨海默氏病。麦基尔大学更年期研究所的副主任芭芭拉·谢尔文博士通过测试年轻女性在接受子宫肌瘤治疗前后的语言记忆力而得出了雌性激素的重要性。化疗后女性的雌性激素水平大幅下降，她们的阅读记忆测试分数也是同样。一半的女性获得了替代雌激素后，表现迅速反弹。雌性激素刺激了神经突触的增长、乙酰胆碱的输出以及大脑内血液的流动，由此提供了更多的氧和葡萄糖。提高记忆力的雌性激素疗法的负面是，有些研究报告这种疗法可能会增加患乳腺癌的风险。1998 年，一项对 700 多名健康的已经度过更年期的女性的观测实验由哥伦比亚大学医学院的研究人员领衔，实验发现接受了雌激素疗法的女性在记忆力测试中比未接受者得分高出许多，而且她们在语言和抽象推理测试中亦表现更佳。

■　银杏精　人类已知现存最古老的树——银杏可以提高健康成年人的记忆功能；还可以恢复长期大脑机能不全患者的记忆功能。从树中提取的口服草药可以大大改善血液循环。得到改善的血液循环可将更多的营养和氧送到大脑，进而改善大脑功能。在对健康人和长期大脑机能不全患者的研究中，结果显示了短期记忆的大幅度改善。报告还称银杏提取物提高葡萄糖——大脑首要燃料和能量来源的供应和利用。研究表明混合了 24% 黄酮糖苷的标准银杏提取物效果最佳。黄酮糖苷应包含银杏的活性物质：银杏内脂 A、B、C 及白果内脂。

■　廿二碳六烯酸　最近的研究发现 DHA（廿二碳六烯酸）——我们大脑中首要的结构脂肪酸——对我们生命中每个阶段的大脑表现都很重要。DHA 是欧米伽 3 型必需脂肪酸的一种，是天然的消炎物质，保护细胞膜不被氧化，增强细胞流动性。此外，它有助于治疗精神抑郁和阿尔茨海默氏病。1993 年联合国粮农组织和世界卫生组织表明：研究发现婴儿代乳品中欧米伽 3 型脂肪酸浓度低（与母乳相比），食用代乳品的儿童智力相对较低，从而说明 DHA 对大脑发育的重要性。由于这些发现，如今有些代乳品中又加入了 DHA。对成年人的研究发现每周吃一次或多次鱼肉的人比不吃鱼肉的人患阿尔茨海默氏病的风险低 70%。研究人员推断，来自鱼油中欧米伽 3 型脂肪酸具有消炎作用。欧米伽 3 型脂肪酸在亚麻和麻籽油中也有发现；天然欧米伽 3 型脂肪酸和 DHA（单纯的）补品也能够找到。我们的饮食要平衡欧米伽 3 型必需脂肪酸和欧米伽 6 型必需脂肪酸，但大多美国人吃太多的欧米伽 6 型脂肪酸却严重缺乏欧米伽 3 型脂肪酸。

■　乙酰左旋肉碱盐酸盐　乙酰左旋肉碱盐酸盐（ALC）与氨基酸肉毒碱（卡尼汀）关系密切。它是一种天然化合物，能够促进细胞间的能量交换，加强大脑左右半球间的信息交流。自 1990 年以来已经有超过 50 例的 ALC 疗法实例。临床实例目前在测试 ALC 作为阿尔茨海默氏病人认知能力增强剂的作用。一项对 500 名老年患者的研究发现，有大脑衰退迹象的老人补充 ALC 后，思考能力有了显著增长。服用了 ALC（强于安慰剂）的病人接受大脑功能测试时的分数显示出了"极大增长"；然而只服用安慰剂的病人没有明显进步。

意大利研究人员于 1992 年出版了里程碑式的著作，提出 ALC 可促进年轻人和健康人的大脑表现（里诺 1992 年）；罗马尼亚对优秀运动员进行的研究提出乙酰左旋肉碱盐酸盐可以提高身体机能的潜力（德拉甘，瓦格纳，普罗埃斯泰努 1988 年）。

■ 去氢表雄脂酮 去氢表雄脂酮（DHEA）被称为"荷尔蒙之母"，因为它可以被身体转化成许多其他荷尔蒙，是肾上腺产出的一种神经类固醇。在我们 20 多岁时身体会生产大量的 DHEA，但到 65 岁以后，这种生产将极大地下降。在大多数动物实验中，DHEA 显示出可以促进记忆力（尤其是长期记忆）和学习能力。在老鼠体内，DHEA 刺激一种重要的脑细胞信息传递物质的生产和携带细胞间信息的突触的增长。对人类的实验说明补充 DHEA 可以降低由于过度压力而形成的高皮质醇水平的潜在危险。一些医生不会轻易推荐 DHEA 给病人，因为关于它的长期副作用还存在不确定性。服用正确剂量的 DHEA 很重要，所以开始服用之前你要咨询医生并检测你的荷尔蒙水平。

■ 娠烯醇酮 DHEA 的前辈(娠烯醇酮)同样走在记忆研究的高速路上。娠烯醇酮被用于治疗关节炎已有几十年历史，完全无毒、无副作用。对老鼠进行的实验已经证明娠烯醇酮可以提高学习的速度和质量；治疗阿尔茨海默氏病以及健康老人由于年龄而产生的记忆受损（AAMI）和轻微认知力受损（MCI）方面，人类还处于实验阶段。

■ 吡拉西坦 吡拉西坦可能是被认识和应用最广泛的认知力促进物质，几十年来一直被形容为正常、健康的人的智力药物。对动物和人类进行的超过 20 年的研究明确了吡拉西坦可以促进学习和记忆。以下一些明显的作用都被发现：减轻缺氧状况下的新陈代谢压力；增加新陈代谢速度和乙溴醋胺能量；对健康人和记忆受损的人都有作用；减缓 AAMI；具有普遍性（大多数情况下可用）；简化大脑左右半球间的细胞交流。吡拉西坦潜在的疗效还有很多：从治疗阿尔茨海默氏病和癫痫到注意力缺乏、混乱和诵读困难。吡拉西坦还没有显示出任何医疗禁忌；它安全无毒素。虽然它还没在美国投放市场，但在其他国家已经有许多品牌上市，比如 Nootropyl 和 Nootropil。

■ 尼莫地平 尼莫地平是钙系物的阻断药（通常用于心脏病处方），用途十分广泛。尼莫地平在治疗阿尔茨海默氏病过程中显示了良好效果，正在被实验改善 AAMI 的效用。尼莫地平能够防止大脑血管栓塞，加强脑内血液流动。虽然粮食与药物管理局1989年批准了尼莫地平用于治疗脑出血中风，但它似乎还有更广泛的疗效。在对有AAMI症状的老年人的临床实验中，研究人员报告尼莫地平可以防治与压力有关的疾病；可以改善记忆力、精神抑郁和大脑总体状况；还可以减轻精神焦虑。而且很少有报告说它有副作用。尼莫地平不可与其他钙系物阻断药一同服用，而且需要按医嘱服用。这种药的处方品牌有尼莫地平和Periplum等。

■　二甲氨基乙醇　二甲氨基乙醇（DMAE），又称作deanol（二甲基乙醇胺）或商标名Deaner，是著名、安全、天然的大脑兴奋剂，能使乙酰胆碱和关系到学习与记忆的原生神经递质的生产最佳化。早期临床实验结果报告DMAE对患长期疲劳和轻微至中度精神抑郁的病人尤其有效。从那时起，DMAE同样被认为可以刺激清晰的梦境，改善记忆力和学习能力，提高智商，延长寿命。DMAE是胆碱的前身，天然存在于凤尾鱼和沙丁鱼体内，可以直接穿过血脑屏障，而胆碱则不能。DMAE可以产生少量的刺激，却不会因为停用而出现药物性萎靡或精神抑郁。

超过100种促智药或"大脑动力"正在全世界范围内发展，尤其是针对阿尔茨海默氏病、AAMI和MCI的治疗。这个领域活跃的特性使提供一份彻底的可用产品清单成为不可能。但是前面提到的清单代表着到此书印刷时为止最流行的药物和最前沿的有关信息。关于安帕莱斯、盐酸多奈哌齐、四氢氨基丫啶这些治疗阿尔茨海默氏病的处方药物和草药提取物——石杉碱甲等的描述将在第八章中涉及。

六、抗记忆力受损补品

维生素：维生素A、维生素B复合物、含riboflavinoid的维生素C、维生素E、维生素B_6

矿物质：镁、锌、硼、钙、硒、铜、铁、锰

药物：安帕莱斯或CX-516（ampakine）、盐酸多奈哌齐（donepezil）、四氢氨基丫啶（tacrine）、雌性激素

产出物：苯基丙氨酸、谷氨酰胺、酪氨酸、RNA（核糖核酸）、NADH（烟酰胺腺嘌呤二核苷酸）、乙酰左旋肉碱盐酸盐、DHEA（去氢表雄脂酮）、银杏精、磷脂酰丝氨酸、吡拉西坦（Nootropyl和Nootropil）、尼莫地平（尼

莫通和 Periplum）、娠烯醇酮、卵磷脂、DMAE（二甲氨基乙醇）、非甾体类消炎药、DHA（廿二碳六烯酸）、石杉碱甲（Hep A）

饮料：咖啡因（适量）、Cerebroplex（健脑胶囊）、Smartz（健脑饮料）

个体间在年龄、饮食、健康、营养状况、生化特性和与其他疗法的反应等方面差异明显，因此许多个案里普通的剂量推荐是不准确的。在开始食用新补品之前一定要咨询有信誉的营养专家或有治疗经验的医生。许多产品粮食与药物管理局尚未批准；如果营养品商店买不到的话，可以考虑从外国购买。我们建议您将这个关于健脑补品的纲要当作继续学习的起始点。超过 100 种的促智药正在被研究以发挥它们对记忆和认知的功效的最大潜力。

七、十佳增强记忆力食品

1. 鱼类：（尤其是冷水鱼类，如鳟鱼、三文鱼、金枪鱼、鲱鱼、鲭鱼和沙丁鱼）卵磷脂（胆碱）、苯丙氨酸、核糖核酸、酪氨酸、二甲氨基乙醇、维生素 B_6、烟碱酸 /B_3、铜、优化蛋白质、锌、欧米伽 3 型脂肪酸、DHA、维生素 B_{12}

2. 蛋类：苯丙氨酸、卵磷脂（胆碱）、维生素 B_6、维生素 E

3. 大豆：卵磷脂（胆碱）、谷氨酸、苯丙氨酸、维生素 E、铁、锌、优化蛋白质、维生素 B_6

4. 瘦牛肉：苯丙氨酸、卵磷脂（胆碱）、酪氨酸、谷氨酸、铁、锌

5. 鸡肝：酪氨酸、维生素 A、维生素 B_1、维生素 B_6、维生素 B_{12}、优化蛋白质、铁

6. 全部小麦：卵磷脂（胆碱）、谷氨酸、维生素 B_6、镁、维生素 E、维生素 B_1

7. 鸡肉：苯丙氨酸、维生素 B_6、烟碱酸 /B_3、优化蛋白质

8. 香蕉：酪氨酸、镁、钾、维生素 B_6

9. 低脂肪乳制品：苯丙氨酸、酪氨酸、谷氨酰胺、优化蛋白质、ALC、维生素 B_{12}

10. 鳄梨：酪氨酸、镁

第七章

现代生活方式
对记忆力的影响

一、为什么环境对记忆力很重要

我们曾经的固有观念要更新。因为现在认为记忆的技巧可以通过学习获得，所以环境对记忆力很重要。这方面的研究成果非常突出，研究发现记忆力不是一成不变的，而是可以改变提高的。因此，这一章重点关注日常生活中环境对记忆力的影响，以及丰富固有的生活方式。

对你来说，身体健康和精神健康有密切关系并不奇怪，但是你知道身体健康也和记忆力密切相关吗？即使小病，比如说伤风、流行感冒和营养不良都会让人脑子迷糊。这到底对当今我们每个人有何特殊意义？在后面的内容里，我们就要研究压力、睡眠、运动、情绪、药物、酒精、尼古丁和技术对记忆力的影响，以及开发记忆潜力的方法。之前，一直没有太多的科学分析是关于心理、身体和情感的健康有相互促进作用，人们也没有普遍意识到去追寻丰富内心的途径。思考一下，你目前的生活方式对记忆力有怎样的影响？

如果不清楚的话，请阅读下面的内容。

二、压力是如何影响记忆力的

心理压力本质上并不一定不好。事实上，生活中若没有压力会很无趣。不容置疑的是，人类取得的很多卓越成就，其中的动力有一部分是对内在或外在压力的反应。比如，要在公众面前演讲而焦虑会强迫演讲人反复练习稿子。同样，担心考试不过的压力会刺激你学习。最后期限要求你必须采用高效的工作方式，并且克制坏脾气和野蛮举动来避免糟糕的后果。回到平时，我们的决定和举动有意识或无意识的受压力的影响。这种自觉的压力和面对偶发危险的压力对记忆力都不会有损害。那些极度和长期的压力比起险情产生的压力更加具有潜在危害。就好比你下班回家的危险要比整夜待在办公室的危险大。下面是关于压力怎样作用于身体。

（一）有利压力和有害压力

当人体的视丘下部察觉到危险信号时，会立即释放一种促肾上腺皮质素分泌的化学因子，同时脑垂体分泌促肾上腺皮质素。这两种物质直接作用压力荷尔蒙或糖皮质激素（包括肾上腺皮质素和肾上腺素）的生成，它们使人产生警觉，从而立刻做出"冲或逃"的机械反应或肾上腺冲动。危险发生时，你为了活命做出的是下意识的反应：你的感觉和洞察力变得敏锐，身体力量和能量增强，时间好像放慢，记忆被储存。险境面前，求生欲望刺激身体肾上腺皮质素的大量分泌。正常情况下，人体只分泌很少量的肾上腺皮质素用来激发兴奋、动机、行动力和长期的记忆。

但是在强压力的刺激下，肾上腺皮质素的长期过量分泌，会对我们的记忆产生抑制作用，并且对神经元有毒性。因此，不仅记忆力衰退，而且长期承受压力，人就会生理早衰（或感到痛苦）。斯坦福大学的罗伯特·萨波尔斯基博士指出，即使肾上腺皮质素可以刺激人在危险的瞬间进行自救，从长远来看还是有损脑细胞的。他参考了一些最新关于各种压力荷尔蒙分泌对大脑的长期作用的研究成果。结果发现，脑部主要负责学习和记忆的海马体区域发生生理变化。由于承受过大压力或心情沮丧，则压力引起的精神失常或其他生理障碍等问题会导致肾上腺皮质素分泌增加。这些生理变化可能干扰长期记忆潜力，产生记忆错误。（勒杜 1996 年；萨波尔斯基 1996 年、1999 年）下面的数据是压力水平、承受时间和对身体的影响。下一页的"压力测试"会评估你的压力水平。

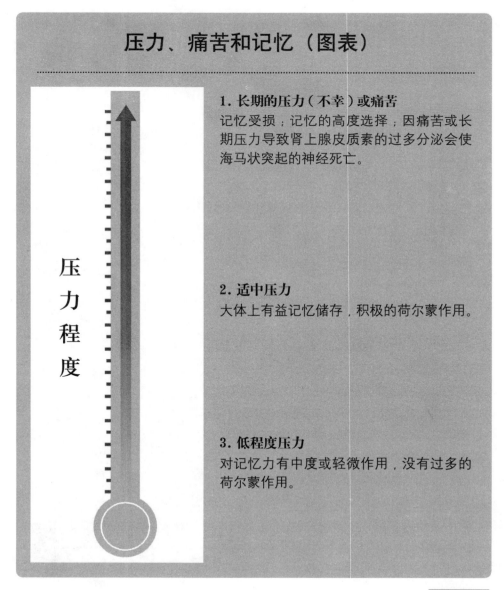

压力、痛苦和记忆（图表）

压力程度

1. 长期的压力（不幸）或痛苦
记忆受损；记忆的高度选择；因痛苦或长期压力导致肾上腺皮质素的过多分泌会使海马状突起的神经死亡。

2. 适中压力
大体上有益记忆储存，积极的荷尔蒙作用。

3. 低程度压力
对记忆力有中度或轻微作用，没有过多的荷尔蒙作用。

记忆赛前练习

压力测试

下面是托马斯·霍尔门斯博士和华盛顿大学医学院的研究人员列出的对记忆力产生影响的"生活变化指数和范围"。如果在上一年中有发生列表的情况，记录下来对应的参考指数。把加起来的总分与181页的附录相对照，来解释你的状况。

参考指数

1. 配偶死亡···100
2. 离婚··73
3. 与伙伴的分离··65
4. 拘留或关押··63
5. 亲密家属的死亡··63
6. 个人重大疾病或受伤··53
7. 结婚··50
8. 失业··47
9. 婚姻不和谐··45
10. 退休···45
11. 家属行为或健康的重大变化····································44
12. 怀孕···40
13. 性生活不和谐··39
14. 新家庭成员的增加（新生儿、领养、晚辈或长辈的回归）··········39
15. 商业的重要调整（合并、重组、破产等）·······················38
16. 经济状况的重大变故（改善或恶化）···························37
17. 亲密朋友的死亡··36
18. 更换一个跨行业的工作···36
19. 与配偶的争执有变化（增多或减少）···························35
20. 有高于10万元的抵押（买房或其他）···························31
21. 抵押或贷款的清还··30
22. 工作岗位的重大变化（升职、降职、派遣）·····················29
23. 晚辈离开家庭（结婚、上大学等）······························29
24. 法律纠纷··29
25. 个人的卓越成绩··28
26. 配偶开始或终止工作··26

参考指数

27. 开始或终止正常教育·······························26
28. 生活条件的变化（盖新房、改建和装修新家或邻居家）·····25
29. 个人习惯的更新（外表、生活方式、健康、社会活动）·····24
30. 和老板不和·····································23
31. 工作时间或环境的变化·····························20
32. 搬家···20
33. 换新学校·····································20
34. 再创造类型和数量的巨大转变·····················19
35. 宗教活动变化（增多或减少）·····················19
36. 社交活动变化（俱乐部、跳舞、电影、朋友等）·········18
37. 有少于10万元的抵押或借款（买家具、度假等）·········17
38. 睡觉习惯的改变（时间的增加或减少、睡觉时刻的变化）···16
39. 家庭相聚次数的变化（增多或减少）·················15
40. 饮食习惯的变化（吃的多了或变少、吃饭时间）·········15
41. 假期···13
42. 圣诞节·······································12
43. 低程度的违法（逃票等）·························11
总分　　　　　　　　　　　　　　　　　　————
压力测试结果见附录

（二）危险：大脑疲劳

我们都有"被置之大庭广众之下"的经历。你突然感到大脑混乱，注意力不能集中，心脏剧烈跳动，血压升高，身体紧张发汗，反正是很不舒服的感觉。这是怯场的反应。即使你没有处在真正的危险中，身体还会释放大量的压力荷尔蒙到血液中。它会导致不由自主的身体颤抖，说话结巴，大汗淋漓和暂时性失忆。当你有过怯场的经历后，再次面对同样的情况会反应更强烈和持久。

怯场，顾名思义，通常发生在面对公众时，但是像局促不安这样的生理反应也会出现在台下。也许你没有准备在课堂上被突然提问，或者你的上级让你在一群同龄人面前讲话，或者你说了很不愿说的话，做了不愿做的事。克服怯场这样一时的激烈感受，可以通过了解自己的生理变化，学习减轻紧张害怕的技巧和做好心理准备来减轻。

■ 9种克服怯场的技巧

1. 闭上眼睛，设想一个让你感到怯场的情形。然后，想象你可以非常冷静和自信地控制场面：在场的人都很欣赏你的幽雅和在压力下表现的沉着镇定。你表现完美，每个人为你鼓掌。你非常成功！

2. 反复练习你的演讲或表演。无论怎样，自信就是来自你对话题或材料的深刻理解。用各种演讲的方式，比如在镜子面前练习，或者在朋友亲人面前练习，用磁带或录像记录下你的表现。

3. 随意列出你要演讲的重点，然后把它们连接成有逻辑条理的图像。

4. 回到你的记忆。用索引卡片或提纲等方式列出你的重点。用视觉的提示并没什么，事实上，你可以在忘词的时候看一下提示，而听众则能从你有条理的演讲中获益。

5. 上台之前，在你的"听众"面前练习演说时面带微笑，有目的看着他们的脸，进行直接交流，而不是目光散漫地看着一片人海。

6. 通过向听众提问获取他们内心真实的感受。每个人都喜欢听针对自己的内容，而且这也可以减轻你的紧张。

7. 如果你能轻松地让听众笑起来，那么你会在让听众自在地享受听讲过程这方面进步很快。每个人都喜欢风趣的演讲。你会因听众的开心而开心，从而激发出一种积极互动的能量。

8. 表达你所熟悉的内容。如果为了演讲，你能对选题从头到尾认真研究，你就会准备充分。如果你有相关的背景知识和经验，就会更加得心应手。你可以穿插些自己的亲身经历和轶事。

9. 演讲前做深呼吸，回忆你先前的演练。氧气在你的肺和周身循环会使你放松，用各种对你有效的放松方法，不管是瑜伽、喊叫、唱歌、祈祷、散步，还是脑海里的影像暗示。

三、睡眠是怎样影响记忆力的

法国里尔大学的研究发现，睡眠不足除了让人感到疲倦外，还会影响第二天的注意力、判断力、反应速度和记忆力，尤其是记忆复杂的信息。事实上，大部分人的意识来自睡眠中记忆贮存的复杂信息。睡眠（包括做梦）可以整合记忆碎片。

在快速眼动睡眠中，PET波段对大脑活动的深层测试，客观证明了做梦的不同层次对记忆力有重要影响。通常每晚有连续两个小时快速眼动睡眠。若人为隔二三十分钟打断一次，将之分割成四五次，即使身体没有动，大脑也会更兴奋。PET影像表明，快速眼动睡眠中，大脑中不会有普遍的密集性神经活动，但是神经活动会集中在一种控制日常感情的神经中枢的扁桃体，小脑皮层负责感官信息处理，ENTORHINAL皮层负责长期记忆。在快速眼动睡眠时间里，大脑这部分区域的活动有助于解释有强烈情感内容的梦。这些感官区域可以巩固梦中内容，从而强化长期记忆。

亚利桑那大学的布鲁斯·迈克诺顿和同事们发现，老鼠在执行任务时，脑中的活跃区域在睡眠中依然活跃。证明睡眠中老鼠的大脑"温习"做过的事情。所以研究人员总结出，当老鼠执行任务时，新（大脑）皮质处理感官信息，然后在睡眠中海马状突起将这些信息重温并固化成记忆。

四、运动对记忆力有什么影响

布鲁斯·塔克曼博士说："固定的身体有固有的记忆。"他是佛罗里达州立大学教育学研究的教授。很多研究已经证实，有规律的体育锻炼有利于思维活动。塔克曼博士的发现来自于他个人的研究。参加了15周竞走活动的小学生在创新能力的测试中比没有参加活动的学生明显表现优秀。宾夕法尼亚医学院的神经学助理教授泰德巴肖尔博士的研究赞成塔克曼博士的成果。泰德巴肖尔博士说："有氧运动不仅改善心、肺和肌肉的功能，而且改善大脑处理信息的能力。"比如你在危机面前，瞬间做出有效决定的能力。

研究还表明，成年人进行有规律的有氧健身锻炼可以增强短期记忆力和改善可贵的形象思维。犹他州盐湖城VETERANS医学研究中心进行了4个月的研究，神经学家罗伯特·达斯特曼发现，一组不常运动的成年人（年龄范围55～70岁）在参加了一个快走运动后，神经功能测试结果（包括记忆力）比另两组没有参加运动的人和只参加无氧运动的人都有提高。

另一个实验测试两组年龄超过65岁的妇女。第一组的女性每周锻炼3次，第二组的女性则没有运动习惯。测试的是她们对一组闪烁的连续镜头的分辨速度。做运动的那组妇女明显在记忆最早闪过的镜头上表现好些，她们40天后回忆镜头细节的能力也好于没运动习惯的女性。

　　研究者认为，运动对大脑的有利作用缘于多肽和氧循环的增加。但是最新的证据表明，运动与一种叫作BDNF的生长因子的产生有直接关系。这种因子关键作用在中子的生成和功能发挥上。BDNF不仅会因运动而增加，也会在大脑的一些区域有选择的增加，特别是记忆信息的区域。另外，运动对BDNF的最大效果看起来发生在大脑极易受老年病恶化影响的区域。

个案研究

运动与记忆的关系

　　对老年人的成功研究发现，（除了乐观积极的心态和高学历）健身活动与保持健康精神状态密切相关。加利福尼亚大学的科学家欧文找到了一个看似有道理的解释：运动刺激BDNF的增多。最近发现BDNF是一种能增强神经传输的天然物质。

　　欧文研究者们让一只成年老鼠在转轮上运动了一天，发现它大脑中不同区域的BDNF提高了。BDNF中的海马体主要负责记忆处理。BDNF可以促进幼小白鼠LTP的提高或记忆的形成。当研究者饲养缺少BDNF基因的老鼠时发现，它们的海马体LTP数量明显减少。把BDNF基因重新注入老鼠

的海马体，它们的不良反应马上消失。国家儿童健康和人类发展研究所的白露研究员说："我们的研究对促进幼小动物和儿童的学习记忆能力有建设性意义。"罗伯特·伍德·约翰逊医学院的研究员伊拉布·莱克和他的同事们发现BDNF对LTP的潜在作用，这对研究和克服像老年痴呆症这种记忆混乱很有帮助。

五、情绪怎样影响记忆力

研究表明，一切记忆力的表现，无论好或不好都与你的身体和情绪状况有关。对此我们都有切身感受，但你认为究竟哪个作用大？很明显的想法是，如果身体或精神疲惫，注意力肯定下降。我们对不注意的内容不会有印象，可见情绪和记忆力的联系很重要。我们可以想象有多少人在长期苦闷、疾病或沮丧任何这样的问题长期出现都会造成漠不关心和缺乏兴趣，然后导致逃避丰富多彩的世界。沉闷影响大脑的生理机能。我们知道，当我们不能机智地挑战自我，脑细胞减少和显示树枝状就会减少。所以，极度的沮丧、焦虑、压力和局促不安会降低思维活动能力。

（一）大脑失衡

心情长期不好也会造成生理反应链的错乱，导致大脑中神经递质失衡。当起主要负责获取巩固和更新记忆的神经递质失衡时，记忆力衰退。情绪低落的人经常抱怨记忆力差，特别是短期记忆力。只有问题有效解决情况记忆力才会加强。使大脑回到正常的化学物质平衡，才是有效的改善情绪低落和其他情绪不稳定的基础。

一些研究者还注意到，短期记忆力的下降与早前情绪不稳定有关。随着年龄增长，生理机能的变化会产生很多记忆力问题。面对生命的重大变化，挑战是寻求新的行动和有把握的目标。我们在后半生会经历很多不同程度的感情伤害，从爱人或亲朋好友的去世到亲人丧失生理能力，以及你的社会地位和经济财产发生重大变化。这些变故和伤害很容易使人情绪沮丧，从而导致厌食和营养不良，离群和孤僻。这种情形需要合适的干预，以打破情绪沮丧——逃避现实——化学反应的恶性循环。

（二）情绪的控制

通过干涉恢复到健康良好状态时，你自我感觉良好，回忆积极事件的记忆力增进不少。好的精神状态使记忆力自动恢复。快乐情绪是快乐记忆恢复的一个因素。这是情绪决定论，即在相同环境或情绪状态下的事情容易记忆（鲍尔 1992 年；勒杜 1996 年）。20 世纪神经递质的发现表明它们对人的情绪和记忆的必然作用。而在此之前，很多康复的人和接受治疗的新患者说："生活随思想而改变。"这可能比实验性的解释更具有建设性。

（三）用你的感官意识

在迪帕克·乔普拉的《精神疗法和完美健康》一书中，他讲了人的思想和情绪对神经化学物质的作用。在分子量子层次，人体不再是一具肉和骨的架子，而是能量的流动，而且时刻都通过高度整合的化学信使或肽释放的信息在周身流动传递。你的意识和身体的化学构成有直接联系。比如，视觉想象可以帮助焦躁的人放松，使人产生积极的态度，对精神还是身体都有正面作用。乔普拉也尝试用气味治疗病人。他解释说，人的嗅觉与大脑直接联系。下丘脑的嗅觉接收器是一组影响记忆、感情、体温、食欲及性欲的细胞。减轻心理压力需要生理医疗。总之，如果你想增强记忆力，就要像当心身体一样呵护好自己的情绪。

（四）呵护你的记忆力

■ 如果你有临床性的抑郁症（或者你有几个月心情低落），应马上向专业的医生和心理健康顾问寻求帮助。

■ 饮食营养均衡；避免垃圾食品。

■ 参与符合身体条件和生活习惯的体育锻炼。

■ 如果没有动力，列一个日常锻炼计划并坚持执行。

■ 重新尝试你曾经很喜欢的运动或学习一个新项目。

■ 想办法让身边的人生活更充实。

■ 如果最近经历了很多痛苦，给自己疗伤的时间，度过悲痛的 5 个阶段：震惊，难以置信，抗议／愤怒，沮丧低落，完全恢复。与知心朋友，其他能理解你的人或专业人士交流，共同分担你的痛苦。

■ 把你的经历与他人分享，不要封闭自己。

■ 把今生要做的事情列出来，开始逐一完成它们。

■ 重新审视你认为没有用的想法：我们有很多探求生命意义的方式。

■ 学会欣赏你的所见所闻：专注于一个简单的事情，比如看夕阳西下的美景；感受阳光洒在脸上的温暖；倾听一首心爱的老歌；或者瞅瞅你家的园子。

■ 考虑参加一个交流学的课程或者重返校园充电。

■ 树立新目标：打碎以往的幻想。

■ 拥有好心情：点燃浪漫的蜡烛；演奏心爱的乐曲；享受大汗淋漓的泡泡浴；在公园里悠然漫步；抑或看一部经典的电影。

■ 学习一种让身体放松，注意力集中的新技巧：自我调节、幻想、太极、瑜伽或者深呼吸。

■ 观察个人性格对健康和生活的影响：用积极的心态取代消极观念。

六、药物、酒精和尼古丁对记忆力的影响

任何摄入到体内的物质都会影响大脑。我们更清楚，大脑和神经系统相互联系的化学成分或神经递质不是稳定分泌的，也就会更明白减少大脑化学物质失衡的潜在因素是多么重要。尽管大脑有一种叫作血脑屏障的自我保护机能，但是一旦有极强破坏力的因素出现，不可避免地会损害记忆力和使器官功能衰弱。总之，正常情况下人体可以平衡一定的毒性物质。但是如果毒素过量就会对身体造成伤害。身体不能产生足够平衡毒素的物质，免疫系统就会受到损害。这种"病态"会危害人的身体和精神状况。药物（无论是处方药或其他）、含酒精的饮料、香烟中的尼古丁都对身体有潜在的毒性作用。

七、减弱记忆力的药物

我们肯定认为药物不会对大脑造成损害，因为这是医生给你开的，或者

你可以在药店买得到的。大多数人都服用过像安眠药、助睡丸、镇静剂等这类让大脑迷糊的药，此外还有很多其他种类的药。只有很少人知道它们会对大脑产生不好的作用。神经学医生阿瑟·温特在他的1997年的著作《锻炼大脑》一书中介绍了从阿托品到大麻等药物的副作用。几类药物包括镇静剂、安眠药、抗抑郁药、安定药、抗心律失常药或其他心脏病药物，抗高血压或降压药，治疗癫痫病的抗痉挛剂，可能引起呆滞或类似早老性痴呆的症状。但是，医生也指出发生这些状况的变量，比如服药时间，药力和服药人的身体条件。多种药物混用（对身体调节适应力弱的病人）也会造成不良影响，像嗜睡、精神涣散和反应迟钝等。

一般认为，在记忆的巩固期，损害记忆力的药物发挥破坏作用。尽管药物破坏短期记忆，但对长期记忆并没有多大影响。大多情况是，有副作用的药一停止服用，健康的记忆功能就会恢复。在遵循医嘱的情况下没必要停止服用已经开的药。如果你真的顾虑药物的副作用，尽可能地找可信赖的健康医生咨询。他们会对你的服药情况进行观察，并考虑是否需要换其他的药。

（一）酒精和清晰的记忆

尽管和理论矛盾，当酒精和咖啡因被溶解吸收时，看起来是身体的神经免疫系统很好地起了作用。问题是定义"溶解吸收"的时间。一些人每个月才喝一次酒精性饮料，而有的人每晚都要喝上好几杯。事实上，个人对酒精作用敏感程度的差异使"溶解吸收"公式更复杂了。

体重、年龄、健康、营养、饮水量、消化速度和酒精含量等因素都影响身体机能和自我消解。总之，一日喝一次酒不会太影响记忆的准确性。关于酗酒和酒的国家研究机构称，即使很少量的酒精摄入也会降低很多负责记忆工作的脑细胞的功能。所以，怀孕的妈妈们应该严格禁止喝酒。

超过40岁的人，即使他们有自我消解酒精的能力，记忆力还是很容易受酒精损害。如果注意的话，当你喝酒过量身体会有反应。如果你有不良反应，诸如嗜睡、情绪化、协调能力下降、恶心或健忘，说明大脑酒精中毒了。更严重的是酒精会导致失忆，就是脑中精确的记忆会在很长一段时间里消失。从这个角度看，你是在毒害自己的大脑而且会造成不可消除的伤害。

（二）高昂的代价

研究表明，长期酗酒会造成大脑生理结构的改变。在动物实验中，连续五个月的酒精摄入使大脑发生病理性变化，包括控制冲动的神经细胞。人类实验证明，过量饮酒的人与不饮酒的人相比，前者大脑重量比后者轻，而且他们的前部脑叶较小，神经细胞也较少。拉尔夫·塔尔特博士是匹茨堡大学医学院精神病学教授。他的研究报告说："大约75%的饮酒者患有脑疾病，过量的酒精摄入会同时破坏神经细胞和神经胶质细胞，从而导致一种智力功能永久丧失的痴呆症。"还有，很多酗酒者因为缺乏维生素 B_1 会出现丧失记忆，步履不稳的现象。

酒鬼和饮酒过多的人每天杀死60,000个脑细胞，比少量饮酒或滴酒不沾的人高出60个百分点。

过度饮酒还使大脑发育不成熟。一项研究针对40个30～60岁的酗酒者，结果发现他们的神经功能测试分数与标准健康指数比，相当于提前老了10岁。但是，酗酒者更致命的后果是患上一种叫科萨科夫的综合征。患科萨科夫综合征的人坚定地相信自己记忆力完好，观察和研究却明显发现，他们的短期记忆能力遭到极大损坏。他们极易在记忆事情时受干扰，而且想不起被干扰前发生的事，比如，想不起几分钟前刚见过的人的长相或他们的名字。酗酒可能导致的严重后果应该引起经常参与社交应酬的人的警惕。如果你想保护脑神经健康和拥有良好的记忆功能，就要尽量少喝酒或者干脆戒酒。

（三）尼古丁的双重作用

一些研究发现，不吸烟的人比吸烟的人记忆力好，因为吸烟的人的身体氧含量和流向大脑的血流量都降低了，记忆力必然受影响。你不会对这有力的证明感到吃惊。但真是这么回事吗？有研究表明，尼古丁可以增强空间记忆力、学习力和信息处理能力。一些研究还说尼古丁可以延缓老年人和阿尔茨海默氏病患者的记忆力衰退。无论相不相信，先不看吸烟会破坏人的心肺功能这种明显的坏处，最近的研究确实证实尼古丁可以增强动物和人的记忆力。希望在不久的将来，吸烟的人都能享受尼古丁的所有好处，而不受任何毒副作用的伤害。

（四）尼古丁的利弊之比

从香烟中吸入身体的尼古丁，仅需 8 秒就能到达大脑，从而控制接受信息的脑细胞。这些脑细胞刺激神经递质的产生。神经传送体中的多巴胺和乙酰胆碱主要负责控制人的情绪、欢乐感受和记忆力反应。在一个动物实验中，把老鼠放置在充满尼古丁的迷宫盒子里，四周之后发现它们的记忆力增强了（莱文、罗斯和阿布德 1995 年）。在人的实验中，因为尼古丁增强多巴胺的活动力，所以也就改善了阿尔茨海默氏病患者的快速信息处理、短期回忆、空间记忆的能力以及反应速度。对那些想戒烟又戒不掉的人，这个发现有长远的现实意义。随着更深入地了解对神经有特殊刺激作用的尼古丁和其他化学物质，我们可以用有效的办法克服烟瘾。

尽管尼古丁可以一时增强大脑的工作动力，但很明显它的弊端远大于有限的优点（比如，好处是增多自由基，坏处是导致肺癌）。那些有限的好处可以通过参与健身活动得到，像有氧健身，通过刺激乙酰胆碱和肾上腺素分泌，带来欢娱的感觉和放松紧张的情绪。

八、技术怎样影响记忆力

很多人已经习惯使用电器，我们都没有意识到自己有多依赖它们，也不清楚它们到底对我们的身体有什么潜在影响。这就是之所以很多人一直思考1984 年世界卫生组织公布的警告："受低电流场（ELF）辐射会改变细胞、生理和行为结果，所以要尽量避免辐射。"这一断言是一个长故事的开端，回溯到 20 世纪 40 年代早期，哈罗德·萨克斯顿·布尔博士在电动力学领域的发现。

布尔博士毕业于耶鲁大学，是享誉世界的神经解剖学家。他向世界提出了一种观念，一切生物都受一种能量场的控制和影响，也就是我们今天所说的电磁场。从布尔博士的发现之后，关于电磁场对人体的作用的研究大量出现，与此同时科学技术也突飞猛进。研究主要集中在探寻危险的电磁场与致命性疾病（如癌症）的可能性联系。因为人们对电器的依赖越来越高。我们

你是否曾经停下手考虑过世界卫生组织1984年提出的警告？暴露于电磁场和超低频电场会改变细胞、生理及行为表现；因此，要避免不必要的暴露。

环境中的电磁场不是静态的，而是有一个可变的电流磁场。这个电磁场可以轻易地通过人体，也能影响人体自身复杂的低电流电磁场。ELF（来自家庭或办公室的电子）被认为比EMF（来自电线杆）对人的伤

现代技术——照片、录像、录音磁带，还有更重要的电脑——重塑了我们的意识和记忆功能，使我们不得不重新审视这个世界。

——史蒂文·罗斯《塑造记忆》

害更大。因为ELF的共振与我们身体的电流水平更接近。考虑到这一点，《卡内基·梅隆报告》称，虽然还没有证明电磁场与疾病有确切的联系，还是极力主张"审慎躲避"电磁场辐射。小心的提醒在这里是必要的。一个研究者承认用伪造的数据制造警告。

（一）危险：在记忆模糊前

仍有很多研究在关注我们身体的电磁场是如何受思考和情绪、声音和灯

光、异常的太阳活动的影响，因为我们对这些可意识到的刺激性因素更敏感。一些研究者还指出在一般性大城市，常暴露在ELF（低电磁场）和EMF（电磁场）导致神经递质水平的改变，从而引起记忆出错、学习力衰退、干扰睡眠、免疫力下降、癌症、不同形式的神经和行为紊乱，比如沮丧或多动症。其他研究者说，至少电视广播塔的强力传输、高压电线和来自一般家用电器的辐射都会造成电子污染或引起记忆模糊。仍然强烈建议，像下面列出的情况要审慎躲避，特别是小孩和孕妇。

（二）降低电磁场对记忆力的危害

■ 不要在离高压电线或转播塔很近的地方住。

■ 在生活和工作环境中用电要非常小心：尽量减少辐射。

■ 减少使用荧光灯：尽量用自然光。

■ 在电脑显示器前罩上防ELF辐射屏。你可以在很多办公用品商场里买到。

■ 多喝水，保持电解质分布均衡和高压电极通过细胞膜。

■ 到户外：散步、慢跑或骑车。特别是在电脑或电视前待了很长时间后。

■ 听音乐：可以使大脑恢复状态和节奏。

■ 膳食营养：研究表明，电磁场辐射会消耗维生素、矿物质和酶：钠－钾，荷尔蒙和其他血液中的化学成分的平衡也会受到影响。

■ 自己研究一下意识机器和神经技术装置抗电子污染和增强脑动力的有效性。

记忆加速器

生活方式的反应

现在你已经读完这一章，做一个记忆日志，看你哪些生活的改变能让你的记忆力更健康。考虑因素：个人压力程度、睡眠时间、体育锻炼、情绪的作用、吸入的毒素、遭受的电磁场辐射。如果你想改变生活方式，向专家咨询建议，他要是你想改变的那个方面的专业人士。在改变过程中获得对自己的专业支持非常重要。记住，你可能要花持续的努力去改变形成已久的生活方式。

第八章

当记忆欺骗我们
或记忆丧失时

一、记忆的局限

很不幸，无数人都在我们的监狱系统中为着他们不曾犯过的罪行而成为时间的仆役。这一令人沮丧的事实强调了不准确甚至是错误的记忆带来的后果。然而，我们记忆系统的复杂性恰恰极易导致其对事实的歪曲。要忘却某件事，你在以下三个阶段中任何一个阶段出错都能达到目的——记录、维持和唤起——而要记住某事，这三个阶段都不能出现任何错误。我们能够准确地记忆事物，真是奇迹。甚至就算记忆被歪曲了，它还是能够精确地重拾记忆中的往事。

如果这个被叫作记忆的复杂网络是由感觉、情绪、思想、话语、感官知觉、情感、想象和智力组成的，我们能否期望，它不受外界以及不同解读的影响？当然不能！队列中相邻两个人对银行抢劫的目击证词甚至往往都是相互矛盾的。这样或那样的现象让记忆看起来像个变化无常的老朋友，对于这些现象有多种解释。这章总结了我们记忆内在的错误倾向及其在不同情况下的质量，比如在受到创伤、建议、压抑、衰老、疾病等影响时。该章内涵深刻，意义深远，是科学家们倾其毕生精力对该项研究的结晶。

二、我们的记忆有多精确

记忆主要有两种，内在记忆和外在记忆——前者更为稳定，后者则不如前者。内在记忆包括程序学习（如技能训练、身体习惯）、情绪编码（如创伤、恐怖及其他强烈的感官经历）和应激反应学习（如押韵、面孔、抽认卡），以上所有几乎不随时间改变。而我们有意识加以依赖的外在记忆——充满内容、数据、事实、地点和事件——却极为主观，易受外界影响。

伊丽莎白·罗夫特斯，一位目击证词和记忆扭曲方面的权威解释说，记忆痕迹并不总保持在完整状态，而是随着时间和外界影响发生改变（1980年）。"我们确实创造记忆并在每次回忆的时候重建记忆——或用新的联系加强记忆痕迹，或有意忽略减弱

我们要认识到记忆不存在于对或错的状态中，重要的是搞清记忆如何反映现实。
——丹尼尔·L·沙克特《寻找记忆》

它。"她说。即使记忆痕迹起初相当清晰，它也极易遇到使之产生变化的各种影响，如另一个人的意见，下意识的建议、误解和分心等。法官在公开案件中非常清楚确保陪审员们不受记忆质变的影响；因此，隔离陪审团是在高度公开案件中常用的做法。

对记忆主观性的生物学解释在于每次我们回想某段往事时，就激活了神经元关联中的一片区域或网络。细胞间的关联将轴突与树突连在一起。最初学习时被激活的脑细胞此时被"点燃"并"关联"起来。使用使这些联系得到强化，弃置不用则使它们减弱。误用能够创造新的，有时并不精确的关联；滥用会改变或完全毁坏已有的关联。总之，这些为我们语义（事实）和事件（经历）回忆提供"配线"的脆弱关联记忆改变。

（一）记忆的结构

歪曲人回忆的影响有多种：1. 回忆提示的缺失；2. 衰退或误用；3. 受到能将旧的记忆抹去的新知识的干扰；4. 压抑；5. 指点或建议；6. 感觉或经验。当中任何一个因素都能干扰原始记忆痕迹，导致记忆错误。但是错误记忆完全是被创造的吗？会不会是由于正确记忆被歪曲而产生的呢？实验证明，只要重复错误记忆足够的次数，就能让人们相信它是正确的。以兄弟姐妹为对象的研究表明，当兄妹中的一个捏造一个与另一人有关的记忆，这个人很有可能开始回忆有关这一"真实"事件的细节。这些例子说明我们的记忆很易受影响；事实上，能够被另一个人"建造"在我们脑子里。真实情况是，外在记忆很容易被改变。

著名的瑞士心理学家让·皮亚杰对他童年时一段痛苦经历的叙述使其对错误记忆的性质有了了解。多年以来，他一直认为他在初学走路时被绑架过。他对这一创伤性事件的细节都很清楚：发生的街道，把他从照看者那儿夺走的人，不知情的警官赶到现场之前他的反抗。直到十几岁皮亚杰才得知，事实上，这一事件根本没发生过。保姆在数年后承认她编造出这个故事作为一个给皮亚杰富裕的父母留下好印象的计谋。皮亚杰记住的只是这件事的叙述，而他却惊人地 "看到"了整件事的细节。时间过去，这段记忆对他来说变得和其他一切一样真实。创造记忆的能力（不管是自己还是他人的）被一次次证明。从公开的性丑闻到电视直播的谋杀案，那些被媒体赋予巨大能力的公众人物恰恰强调了对真相的追寻有多的不可靠。

（二）回忆提示缺失案例

记忆时大脑首先受到刺激，然后将其记录在合适的区域；回想时，提示或二次刺激会把你带到记忆网络。因此当我们处于某种特定情绪中时，我们倾向于回忆在同一情绪时记下的事物（状态依赖），同样，有回忆提示的时候，我们回忆的信息也会增多。如果无法获得回忆提示，那记忆也无从获取。这就是为什么唤回目击记忆的最佳方式是回到犯罪现场。我们当中许多人就有过重获回忆提示的经历，只要重新回到之前的环境就能办到。下一次你因为考试结束后才想起答案而打自己的时候，搞清楚，这种情况便是记忆提示

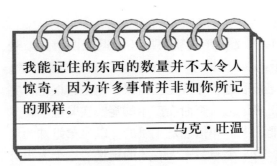

我能记住的东西的数量并不太令人惊奇，因为许多事情并非如你所记的那样。

——马克·吐温

缺失。回忆提示可能是有意识的，也可能是无意识的。

想象一下你在开车时，是否经常靠无意识的暗示去唤起你的记忆。在我开车去办公室的路上，闪烁的黄色交通信号灯总能使我自动快速向右转。桥上标志着出口的信号也有类似的效果。有意识的线索也很有帮助。如向右转这样的提示产生一种看得见的提示；但是如果你不知道杓鹬是一种鸟的话，那么"在杓鹬街向右转"将变得毫无意义。试着先记住一些街道的地址再去认路，然后尝试去记住一些标志性的标记，如显眼的建筑、路牌或地理特征以便认路。哪一种比较容易呢？大多数人会觉得有视觉帮助的线索比较好。为什么呢？因为这种线索更容易引起人们的联系和独有的含意从而产生大量的记忆路径。反之则很容易遗忘或记得不准确。

（三）罪恶的双胞胎：疏忽和分心

我们不需要将看见的所有东西都内在化。实际上，大部分我们随时接收到的感官信息都因为没有什么价值而被忽略掉了。我们不可能总是保持有意识的状态。将信息进行编码并不总是自动进行的，尤其是当我们被外在事物打扰的时候。

因此，在犯罪现场并不能保证目击的准确性。对这个问题最显而易见的解释就是他们所见的东西并不一定能和他们被问的问题对得上。缺少注意力实际上是我们遗忘事情的主要原因——刚刚介绍的人的名字，钥匙放在哪里或者别人衬衣的颜色和其他一些比较重要的问题，例如法庭上的证词。每天坐公交车上下班的人十分清楚坐车很容易使人变得过了时间却不知所想。对待分神的唯一方法就是对能使你和你的目标分心的事物保持足够的清醒，并且不让这些事物有机可乘。举个例子，如果你要给植物浇水，但又想到要喂狗，弄清楚它们之间的冲突，然后过会去喂狗。记忆培训的创造者丹尼尔·拉普把这种方法称作单轨迹思考技巧。（1987年）

三、记忆会减弱或衰退吗

虽然大多数心理学家都认为长期记忆即使不能获取也会永久保存在头脑中，但一些神经生物学方面对无脊椎生物体的研究表明，神经系统的长期变化可能会使某些简单的记忆减弱或丧失。这种观点证明了关于遗忘的衰退理论。正如柏拉图所写的："在我们记忆时，我们使头脑中的沟壑变深，但时间又会慢慢将沟壑磨平，从而使我们忘记。"

遗忘曲线实际上在心情压抑时能够起伏很大。19世纪德国心理学家赫尔曼·艾宾浩斯通过对经验论关于记忆的区别和本质的研究，发现要记住一系列无联系的音节所需要的曝光量。通过这个和其他研究，艾宾浩斯曲线显示（如下图）大部分新信息在一个小时内被遗忘；一个月后，80%被遗忘（艾宾浩斯 1964年）。所以记准事物的一个重要方面就是要不断重复记忆。这就是重复在记忆中十分重要的原因。对曲线比较乐观的看法是过了15小时之后还记得住的东西可能会很长时间不忘，虽然会有偏差。

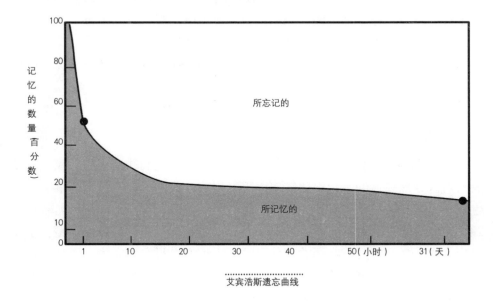

艾宾浩斯遗忘曲线

（一）记忆干预

简单来说，无意中听到别人对某事物的描述会对你的记忆产生影响，正如较晚发生的事会对早些的事产生影响一样。举个例子来看，我最近发现我的一个大学同学（我当初对他印象很好）被指控为汽车大盗。这个新信息使我重新考虑我对他的好感。现在我回忆他并不是那么值得相信。目前的信息污染或影响了我过去的记忆。

艾宾浩斯时间对遗忘影响的研究很重要，但是心理学家发现相互混淆的事物，例如，后发生的事物对原先的记忆的影响和冲击，对记忆的准确性也有影响。干扰可能来自很多方面，报纸、邻居或无意中的对话都有可能。干扰理论表明新信息会使旧信息至少被混淆，如果不被否定的话。并且类似的新信息越多，越有可能产生影响。所以结果经常是信息的混合体，那就是说我们失去的相继发生的事物对记忆影响的轨迹。举个例子来看，如果我问你昨天晚饭吃的什么，你会很容易想起来。但是我问你上周四吃的什么呢？很有可能你不会很容易记起来，按照干扰理论的解释，这就是很多简单事物相互影响的结果。

干扰发生是因为你对一件事物的内容和地点的记忆是同时进行的。你所记的每件事都有地点伴随。但是，事情越特别、相关和有意义，就越容易记忆。被干扰的越多，越容易混淆。例如，我们使用电脑时，我们给每个文件夹命一个不同的名字，以便以后找到。但现在一个病毒侵入你的电脑，把所有文件名改成一样。文件还在那里，但你如何找到你要的呢？这就是干扰在记忆里的工作原理。

（二）情感记忆

在遗忘的方面我们比较忽视的是：记忆是加上我们的情感的。我们大多数人对有强烈感情的事记得比较牢固吗？是的，我们比较擅长记忆事情的发生而不是细节。心理学家乌尔里奇·纳赛尔（1992年）研究表明实际只有29%的事物能够准确记忆（如1986年的"挑战者号"事件）。像结婚、子女出生、家人死亡等影响生活的事件和第一次拥有自行车、宠物、汽车、亲吻或分手等事件会在脑中产生化学反应，神经递质会认为它们很重要，因而容易记住。

强烈的情感记忆更容易被牢记，它们比较特殊，因此通过比较直接的路径到达大脑。比较愉悦的事情可能会由海马体进行处理，然后储存在颞叶里；而情感记忆则会由视神经床开始（像其他非情感记忆一样），但会立即返回扁桃体做长期储存。

研究人员指出，意外事件，如地震、恐怖袭击、飞机失事，目击者可能会因受强烈刺激而遗忘。这点很重要，因为情感压力和损伤性压力之间有一个临界点。情感强度会因释放葡萄糖皮质类固醇而变得独特、重要和值得记忆。损伤性或永久压力则会导致皮质醇中毒。

长期这样，因损伤性或永久压力而造成的大量皮质醇释放会杀死脑细胞。如第七章所述，对葡萄糖皮质类固醇的长期影响的研究表明，身体变化始于海马体；而头脑则是由于皮质醇的过度释放。压抑、过度损伤的压力不正常、心理障碍是导致皮质醇过度释放的主要原因。第157页的图表明年老和有压力的大脑如何变化，如何避免或使这种变化最小化。

四、痛苦的记忆怎么了

伴有巨大压力和紧张感的记忆，通常与强烈的情感联系在一起，这些记忆帮助我们从危险的境地中解救出来。尤其是当遇到危险时，绕开大脑的高级指挥中心，以保证可以做出快速的反应，这也就是提到的"斗争或逃跑"现象。危险似乎被编码直接传输到大脑，并且经常导致反身行为，这种行为可以持续永久。 比如说，如果一个人在儿时被德国牧犬攻击过，那么他很可能在很长的一段时期都会惧怕它们 ，除非他变得对此不敏感或者重新认识这种"情感记忆"。

恐惧是所有情感记忆中最强烈的一种记忆。不过，其他的一些情感，比如，失望、挫折、悲伤，也能够触发内在的（下意识的）记忆，这些记忆会唤起强烈的反应。现在临床学家正在用记忆技术寻找新方法来释放掩盖在"精神躯体"里的创伤。他们的许多成果可以被解释为威廉·莱西的精神疗法，他在55年前左右就指出痛苦的经历如何以惯常的肌肉紧张和神经肌肉模式被存储在身体中的，他称这种模式为"身体盔甲"。现在我们知道，实际上，痛苦的记忆以"神经缩氨酸"和其他"智力"化学物质的形式表现出来，然后它们在身体里循环，在一个细胞表面上发生永久的改变。

在很多情况下，痛苦的记忆会演变成一种避性反应和其他一些持久性的非逻辑行为。严格说来，当这种记忆被唤起时，我们似乎不会采取非常理性的行为。这种记忆的结果会对当前的情况做出不合适的反应。有些时候提到像"感情包袱或是有毒记忆"这样的现象，如果我们不承认他们的存在，那么这些联系最后就会妨碍当前的关系往来和健康的交流模式并且可能有意识地用更合适的反应替换过时的反应。

（一）被压抑的记忆

这种特殊的记忆是被暗暗存储的最痛苦的记忆。这就意味着当我们对这些记忆做出反应的同时，我们不会把它们和语言联系起来。我们可能太年轻，或是太恐惧，或是太困惑，以至于不能对别人提及这些。然而，我们身体知道这些痛苦——即使我们没有用语言把它表达出来。我们称之为压抑的记忆就是完全没有表达过的记忆。也许这些记忆太痛苦或是太困难，因而不能够分享。尤其是如果当这种记忆是在出现语言之前产生的，用语言描述它们似乎是不可能的事情。一旦我们把语言和这些创伤联系起来，那么创伤就能够被剖切开，能够被理解，就可以治疗。

加州大学医学院所做的一项调查表明，在大部分有过精神创伤的幸存者中——60%的人清楚地记得他们的经历——他们或者是幼年被性虐待，或者是经历过战争，或者是遭遇街头暴力，或者是经受过自然灾害，另外40%的人患有全部或部分的健忘症。对于这种遗忘第一个做出解释的是西格蒙德·弗洛伊德。他称之为压抑，并且描述为自觉地把痛苦的记忆从有意识的思想中清除出去。虽然弗洛伊德在大量病人临床实验的基础上来证明这个现象，只有到最近与压抑有关的一种可能性的生物联系才刚刚被证实。北克拉利纳大学米切拉·加拉格尔主持的研究发现，肾上腺皮质激素在压抑和记忆的生物系统中发挥着重要的作用。他们像是一个痛苦障碍，也像是一个记忆障碍发挥着作用，在面对无法忍受的精神或身体的痛苦时，会提供一种自然的保护机制从而继续存活下去。

（二）压抑与恢复记忆的争论

心理学家伊丽莎白·洛夫特斯（1994 年）认为一些人只是短暂的压抑，后来是可以恢复对过去痛苦的记忆的，几乎没有科学证据可以支撑全部记忆遗忘的观点。尽管过去十几年一些引人注意的报道称，一些个体在家人和朋友的帮助下恢复了长时间被遗忘的痛苦的记忆，但是伊丽莎白·洛夫特斯认为大部分被压制的记忆是不会被完全遗忘的。大屠杀的幸存者或是退伍老兵对痛苦经历长久的记忆表明，即使当一个人想要忘记那些痛苦的记忆时，环境也会无意地触发他们的记忆，实际上是在一定程度上保证了这些记忆的存在。

大脑中存储创伤记忆的地方——扁桃体似乎一直存储感情记忆（勒杜1996 年）。这种让人深刻记忆的杏仁状结构被称作"我们储存的情感智慧"。它是我们生活中曾经经历过的所有感情活动的储藏室。由于这些活动中很多可能与生存有关，我们将它们储藏起来是正确的。同样，让这一领域的人们相信完全清除创伤记忆或重复性外伤很难。

压抑产生的程度标志着精神病学会和治疗学会间的一个热烈的争论。争论的一方认为经历多种感情伤害的人，他们记忆中可能存在一定的"空洞"，它们作为一种自然的精神自救机制而存在。这种"重度的压抑"被认为陷入灵魂之深以至于实际上通过外在的记忆方法也不能恢复。强烈的压抑理论的信奉者经常倡导"治疗恢复"方法（包括催眠）来"恢复"深藏于潜意识中含蓄的记忆痕迹。

争论的另一方认为那些意志不坚定的人容易受不道德的临床医生的规劝，进而"记住"从未发生的事情。建议很容易影响记忆，为精神压力作辩解的期望之强烈以至于我们真的可以编造原因。那些质疑重度压抑的心理学家很快指出：他们既不怀疑那些被虐待的孩子们的记忆，也不怀疑被虐待的幸存者在治疗过程中的权威的治疗草案——只是好像不可能完全的记忆压抑治疗前和记忆恢复治疗后。

争论双方和解最困难的是在被虐期间或这之后他们没有治疗的倾向，没有损伤的心理迹象，没有协作的证据，也没有心理困扰或反社会的行为。由于缺乏警告的迹象，包括最耸人听闻的断言，"痊愈的"记忆可能是最令人困惑的。你可能还记得 20 世纪 80 年代末的麦克马丁案例，那时南加利福尼亚州的幼儿园主们被指控多次虐待儿童。这一审判成为最臭名昭著和最昂贵的审判之一。麦克马丁家族最后免除了所有被控；孩子们关于性虐待的苍白的证词后来受到质疑。而且，家庭的生计，他们的名声以及财力全毁于一次典型的错误／恢复记忆中。不管怎样，在儿童受虐的研讨中，心理学家很快认识到心理疗法的重要价值，细心的专家运用这一疗法为报告个人受虐回忆的受害者进行治疗。

个案研究

从心理学家到强奸犯：一个关于错误消息源回忆的案例

在《寻找记忆》的作者丹尼尔·斯切克特报道的一个讽刺性的事件中，我们能够发现毁坏性记忆源如何潜存。在这一案例中，一位受人尊敬的、主要研究记忆扭曲的心理学家唐纳德·托姆普森被误认为是强奸犯。不难想象托姆普森必须面对这样的指控时的感受，即使他有很严谨的辩词。辩词证明托姆普森在强奸发生前刚接受了一个电视现场采访。这一证词后来变得明朗，受害者当时正在看电视节目，讽刺的是节目中托姆普森正描述着人们应如何提高真实的回忆。

受害者将强奸犯的面孔与记忆中电视采访的托姆普森相混淆了，一经认识到这一点，托姆普森立即获得释放。这一令人恐慌的错误指明了信息回忆的确容易弄错。斯切克特说，实际上，对于目击者的回忆和其他日常记忆中的许多错误和扭曲，不能回忆正确的信息源是应负责任的。

五、我们受多少建议力的影响

在伊丽莎白·洛夫特斯和同事所著的关于目击者的回忆研究的经典著作中，实验对象观看了一个幻灯片：汽车在停示牌前暂停后撞击并进入一个十字路口。目击事故后，一些实验对象被问道："当汽车停在'停止'标志处后发生了什么？"其他对象则被问到一个有意误导的问题："当汽车停在'让路'标志处后发生了什么？"后来，每个人都被问到汽车在停车牌还是让路牌前暂停。

那些被误导提问的人们倾向于记住已经看到了一个已有的标志。研究人员称，误导的建议有效地消除了现存停止标志的任何记忆。

然而，心理学家指出，其他的研究表明，误导信息并不一定消除原始的记忆，但是会导致记忆源的问题——对原始记忆中的实际编码及后加在记忆中的信息的困惑。换句话说，这个人就变得无法识别记忆来源于什么。这可能导致一些十分困惑的回忆，在法庭的陈述中，这尤其是个问题。一个人可能对自己记忆力的准确性十分自信，然而，它毕竟是个记忆的综合体，仍然会存在缺陷。

（一）引 导

另外一种能够影响记忆的暗示称为引导。引导就是在检索事件前，连续提供精心挑选的内容。研究表明，单词（和其他的感觉输入器）可以通过暴露而无意识地插入一个物体的记忆（图尔文、 沙克特 1990 年）。当警方对目击者和嫌疑犯施加压力时，有时会使用引导。当律师们提问暗示性的问题时，也会使用这种方法。而父母们在将他们孩子的能量导向某一特定方向时， 也会使用这一方法。引导在丹尼尔·沙克特（1996 年）的试验中论证得最为详细。

用 5 秒钟的时间仔细研究下面的每个单词：assassin（暗杀）、octopus（章鱼）、avocado（鳄梨）、mystery（神秘）、sheriff（治安官）和 climate（气候）。现在想象一下，你先做一个小时自己的事情，然后回来参加几个测验，在测验中，你会看到一系列的单词，并且被问到在以前是否记得见过它们。这些单词是：twilight（黎明）、assassin（暗杀）、dinosaur（恐龙）和 mystery（神秘）。你可能会记得 assassin（暗杀）和 mystery（神秘）出现在了前面的单词中。接着，你会被告知，你要看到一些拼写不全的单词，你的工作就是尽力将这些单词填补完整。

Ch _ _ _nk   o_t_ _us   _og_y_ _ _   _l_m_te

让我们猜一下会发生什么。你可能很难正确地填补两个单词，chipmunk（花栗鼠）和 bogeyman（精灵），对吗？然而，对于另外两个单词 octopus（章鱼）和 climate（气候），你可能会脱口而出。原因十分明了，你刚才看到过

octopus（章鱼）和 climate（气候）这两个单词了。在单词学习中，你被灌输过了这两个单词。浏览列表上的单词似乎就是在引导我们的潜意识。这种练习表明，无论是下意识还是不是，我们都是多么容易受到暗示的影响。这种不准确地采用或者调整记忆的倾向被称为潜忆。

灌输的例子随处可见。也许，你在一个月前向老板提出的建议（似乎被忽视了）突然会在他的想法中重现。在你用最厚的字典砸他头前，考虑一下他可能已经在无意中剽窃了你的想法。事实上，这种剽窃一直都在发生——故意和无意。律师们常常用这种策略来影响目击者的记忆。"袭击者的帽子是什么颜色"之类的问题可能会使目击者记得并没有帽子。广告活动也利用我们的暗示（无意识的记忆）——有时指下意识的诱惑。因此，下次，当你看电视感到饥饿时，要检查一下你的动机，然后再决定半夜"跑去买吃的"。

■ 多大的人都可以被引导

对牙牙学语和刚出生的婴儿的研究表明，婴儿在很早就形成了对妈妈的"偏爱"。在一个实验中，新生儿通过吮吸奶嘴来控制他们所听到的声音，这证明了一个 3 天大的新生儿在听到妈妈声音时会吮吸更频繁，要比听到不熟悉的人时次数更多。婴儿在子宫里已经将妈妈的声音刻在了记忆中吗？也许吧。在另一个研究中，在孕期的最后六周里，孕妇大声地重复朗读索伊斯博士的故事，吮吸实验显示新生儿更愿意聆听他们熟悉的故事而不是以前从没听过的。现在，我们必须考虑到婴儿不只是记忆了妈妈的声音。无论这些例子证明了引导的效用还是别的，它们都显示了暗示记忆的无意识性。这种微妙的影

我们所接受的第一个感观刺激是在子宫里。对于新生儿所进行的研究表明，我们"记得"这些感觉，或者至少在出生后不久就被引导而去识别它们。

响形式可能不仅能帮助解释新生儿对于已知事物的偏爱，它更能启发我们对于自己个人偏见的解释。（参见第五章：开发孩子的记忆）

（二）感　知

我们感觉所感知的每一个信息都增加了我们的个人经历，并形成了我们的准则。因此，这种感知过滤器，就为我们的各种解释涂上了色彩。这就是为什么对于同一事件，不同目击者的记忆也各不相同的原因之一。人脑是如此的复杂，以至于它会自动和无意识地根据过去的经历，用一个不完整的图像、场景或者情节，持续地填充其中的空白。

圣地亚哥加利福尼亚大学的大卫·鲁梅尔哈特证明了我们的感知过滤器是如何在下面这个简单的情节中运作的。考虑下面的两个普通句子：

玛丽听到冰激凌卡车正从街上开来，她想起了她生日时收到的钱，马上跑回屋去。

鲁梅尔哈特解释说：多数人都认为玛丽是个小女孩，当她听到卡车声音时，她想要冰激凌，她跑回屋去是为了取钱买冰激凌。也许，这很明显，但是在这两个句子中，在哪里确实说到了这些？他解释说："多数人都通过个人通用知识的储备，经过一系列的推理，添加或者补充遗漏的部分。"（亨特 1983 年）正是通过这些记忆的联合网络，我们认识了图案或者符号的变体。考虑一下你在解释下面图像时感知力所起到的作用。

当你注视这些变形的图像时，你看到了什么？

记忆赛前练习

一个引导的例子（试一试！）

先用一分钟的时间读下面的一串单词，要集中精力：

candy（糖果）　　sour（酸）　　sugar（糖）　　bitter（苦）　　good（好）
taste（味道）　　tooth（牙齿）　　nice（美好）　　honey（蜂蜜）　　soda（苏打）
chocolate（巧克力）　　heart（心）　　cake（蛋糕）　　eat（吃）　　pie（馅饼）
现在遮住这些单词，尽力写出你能记住的，然后继续下一步。

———————————————————————————————

———————————————————————————————

仍然遮住上面的单词，然后回忆下面的三个单词是否出现在了这个列表中：taste（味道），point（点），sweet（甜）。现在，考虑一下你是否确实记得在列表中见过他们，并且评估一下你对自己的记忆力有多少信心。参加这一测验的多数人都记得这三个单词中的两个出现在了列表中。但是，实际上，只有 taste（味道），而 sweet（甜），通常都被记错了。为什么呢？个中缘由十分明了。在列表中的每个单词都多少和 sweet（甜）有些联系，因而，就很可能在你的头脑中激发 sweet things（甜的东西）的范畴。这个测验，在 20 世纪 50 年代逐渐开展开了，已经一次次地证明了同一个结果——多数人不仅相信 sweet（甜）在列表中，而且都声称记得十分清楚。（沙克特 1996 年）

■ 事实还是虚构：大脑内部一瞥

菲尼克斯的撒马利亚医疗中心的埃里克·雷曼和哈佛的丹尼尔·沙克特教授最近开展了一些研究，这些研究已经证明了大脑的活动在对刚刚说过单词的准确和错误记忆的潜在作用，在一些 PET（性能鉴定试验）扫描案例中有所不同。然而，接下来的研究显示可能会有更多的相似之处而不是不同之处，这些结果的价值在于当人们准确记忆先前说过的单词时，明显的大脑定位活动已经被识别出来了。对一个人根据大脑活动的记忆的准确性做出结论还为时过早，研究者需要小心。尽管如此，人们还不得不推测这些积极的发现可能会增加对此的兴趣，并且增加为测验记忆的准确性而研发电子设备的可行性。这一发展的暗含意义将会十分深远。

前面的图像不清晰，上图中已经恢复原样，当你观察它们时有什么感觉？你高效的记忆能否填充空白？很可能是的，这说明大脑是如何无意识地对环境做出解释的。1932年，弗雷德里克·巴特莱特爵士在他的《记忆》一书中写道："过去发生的事情决定了人的态度、期望和知识，而这些又影响了人的记忆过程。"这一矛盾在前面的记忆赛前练习中已经提到。

（三）记忆力减退的事实是什么

Dana基金会的一项研究发现，67%接受调查的成年人都担心记忆力减退。记忆力减退是由许多方面的事引起的：营养不良、脑部受伤、神经系统紊乱、脑瘤、吸毒或酗酒，规定的药物治疗、焦虑或沮丧，由持续的压力而导致的皮质醇的过度消耗、更年期雌激素的减少，或时间的流逝。想想所有的可能性，识别记忆减退的根源是件需要诀窍的事。许多人将他们的记忆都放进一个包罗万象的容器中，逐渐成为"老年人"。近来经常可以听到的一件趣闻是："噢，劳驾，我正在衰老。"虽然我们的记忆不会随我们年龄的增长而改变，但是越来越多的记忆损失都被归罪于衰老而不是最近科学发现的证明。

■ 时间的流逝

虽然大脑能够而且的确会在人的一生中长出新的脑细胞，随着时间的流逝，（脑内的）海马状突起部位树枝状枝干的减少、氧气缺失、细胞损坏可能导致记忆力减退。这种记忆力的自然衰减可以部分解释为什么我们的记忆力会减退并随时间的流逝而逐渐变得不能接近。从结构上讲，当记忆潜力不能被练习、使用、良好的营养所支持时，由于越来越没有新鲜事物，并且不能丰富大脑，大脑中的联系就会变得越来越少。

在体力逐渐崩溃之前，另一个正常失忆的原因可能是随着时间的流逝，我们所编码和存储的新的经历干扰了我们回忆往事的能力。这样，由于这个星球时间的功效，年纪越大的人受到的干扰越大，也越容易健忘。虽然与记忆力缺失有关系的大多数场合可能更易发生在老年人身上，而不是在正常衰老过程中的新陈代谢的缓慢，但是你的记忆并不必然注定会在你暮年时惨遭厄运。

■ 心理压力与沮丧

心理骚动对记忆力的伤害要比很多人想象得更大。持续不变的压力、焦虑、悲伤、感情受伤，还有沮丧都是记忆力的杀手。比如，出于对发表一场演讲、参加难度很大的考试、失业或生活的变迁所带来的紧张不安可能暂时减少我们的记忆力，但是更为严重的是这些长期阴险的压力。例如，一个年复一年地持续在痛苦的环境中工作的人，当他知道它正在杀死他的脑细胞，那就对了。在家庭紊乱环境中居住的孩子经常会经历记忆困难，这些困难导致在做作业中出问题，好比语义学习要比生存学习更困难。在任何年龄，任何情绪骚动或长期沮丧都会导致严重的记忆问题。当生活在一个极端情绪化的状态中，大多数人往往不怎么注意外部世界，而是更注意他们内心的痛苦和斗争。但是，为了记住某些事，我们不得不集中注意力。可喜的是，当人们的压力或沮丧心情没有或消失时，记忆的全部功能都能恢复。现在对焦虑和沮丧的治疗方法能帮助许多人重获他们的记忆力。

记忆力的减退可能由以下因素造成

- 被动或粗心大意
- 缺乏兴趣或动力
- 缺乏需求／需求感知
- 想象力运用的减少
- 剧烈的压力与焦虑
- 营养不良
- 更年期雌性激素减少

- 注意力持续时间短
- 缺乏感知力
- 体力或脑力的衰减
- 注意力集中困难
- 精神抑郁
- 吸毒、服药、喝酒
- 受外伤或生病

记忆加速器

记日志

如果你一直在记日志，那么，到现在为止，你应该能识别你的基本记忆力的一些优势和弱点了。在你的日志里，想想下面每一种会影响记忆工作的生活方式，并且谈谈它们是如何适用或不适用你的。

- 紧张的情绪
- 大的生活变迁
- 体育锻炼
- 持续紧张或精神上的创伤
- 平淡乏味的常规
- 错误的偿债

- 沮丧
- 精力充沛
- 营养不良
- 疲乏或焦虑
- 服药、吸毒、喝酒
- 分心

你应该用群策群力法抵消这些减退记忆的东西（例如，暂停一下，增加对你的周边环境有意识的关心，拍照法等等）。

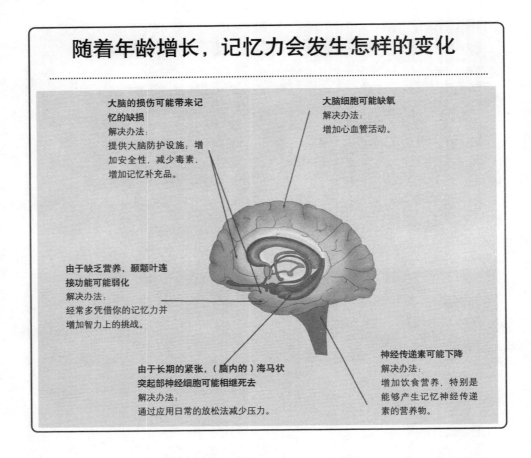

随着年龄增长，记忆力会发生怎样的变化

大脑的损伤可能带来记忆的缺损
解决办法：
提供大脑防护设施；增加安全性，减少毒素，增加记忆补充品。

大脑细胞可能缺氧
解决办法：
增加心血管活动。

由于缺乏营养，颞颞叶连接功能可能弱化
解决办法：
经常多凭借你的记忆力并增加智力上的挑战。

由于长期的紧张，（脑内的）海马状突起部神经细胞可能相继死去
解决办法：
通过应用日常的放松法减少压力。

神经传递素可能下降
解决办法：
增加饮食营养，特别是能够产生记忆神经传递素的营养物。

六、随着年龄的增长，记忆力会发生怎样的变化

　　将近 25% 的老年人与其年轻时的记忆相比没什么变化。5% 的老年人会在 90 岁时达到其记忆力的顶峰。就像 20 世纪英国哲学家伯特兰·拉塞尔那样。剩下 70% 的老年人的记忆力会有一些变化，其中 10% ～ 20% 的老年人会得一种叫作老龄联想记忆损伤或轻微认知损伤的病。这样，当我们日渐变老、我们时间感知力迟钝时，大多数人可能不得不面对与年纪变化相应的记忆力变化。但是当我们日益衰老，我们所经历的生理变化依靠多方面因素，包括锻炼、营养、持续的精神刺激、尝试新鲜事物的意愿和态度。

从 20 世纪 70 年代所做的研究中，科学家们发现了不勤于使用大脑要比衰老更对记忆力有害。换句话说，一个 70 岁的坚持学习和研究的老人的记忆力要比一个不重视智力训练的 40 岁的人更健康。研究还显示，像多年的学校教育和近期上学习班等因素都对记忆力有积极作用。这些因素在中年女性中也与记忆技巧或助记术的使用积极地相互关联，而且也提高了记忆的功能。底线是这样的：通过坚持阅读和研究的习惯而保持智力活跃的成年人，能比那些智力不旺盛的成年人更好地记住他们阅读过什么。大概在 16 岁左右，人的记忆力达到它的高峰，在剩下的余生中（高达 30%），记忆力开始渐渐衰减。在正常的因年迈而导致的记忆力的衰减中，有许多巨大的差异：练习、目的、重要性都在此种差异中扮演非常重要的角色。

马里昂·佩尔姆特一直在研究老年人的记忆力，他发现 60 岁或以上的人，他们的回忆和认知能力比他们 20 多岁时要差；但是比他们更老的人的记忆和认知事实上效果更好。这一发现能更有力地证明与记忆联系的重要性。我们越老，我们就能与更复杂和全面的网络系统相连。这样，我们记忆的概率有事实依据。一个健康的成年人，能以惊人的有效方式适应他／她的环境：如果我们被强烈命令记忆，我们会找到记忆的方式。是真的，但随即，一些记忆类型可能更受老年人的影响。例如，我的祖母在她 90 岁的时候，还能记得她们家为庆祝每一次重要事件而举行的庆祝会的具体的日期；但是，她却经常忘记关掉家用电器的电源。记住名字和脸孔的能力逐渐衰退，被称作多任务（即同时做好几件事情）的能力衰弱，或被人干扰以及仍然记着的能力，在暮年是很正常的事。例如，正当你在准备砂锅炖肉时，一个电话铃声响了，当你接完电话回来，你已忘了你是不是添加了作料。但是可喜的是，只要你能理解且能联系在这本书里列举的各种类型的记忆法，在任何年龄段，你的记忆力都能被提高。

七、什么疾病会损坏记忆力

当你的认知能力有两处或多处遭受重大的损伤时，或者这种损伤非常严重，以至于会影响你的日常机能——这种衰弱被称作痴呆症。痴呆可由多种原因，中风、脑瘤、科萨科夫综合征（与酒精中毒有关）或主要原因——阿尔茨海默氏综合征所导致。一个在杜克大学医院——阿尔茨海默疾病研究中心的神经病学家马克·阿尔伯特说："多年以前人们以为随着年纪的增长而衰老且失去记忆，这是衰老导致的正常的影响，但现在我们知道衰老不完全是年龄增长所致。如是你70岁或80岁就丧失了记忆力，那就不正常了。"

我的记忆和……我的父母

记忆不是基因库的一部分，也不是可以由父母传给孩子的遗传财产的一部分，同时也不是阿尔茨海默氏综合征的一部分。如果亲戚得了一种影响记忆力的疾病，许多50岁以上的人非常关心，并向专门的医师咨询相关的问题。其实，这种记忆上的混乱不会被上一代传给下一代。

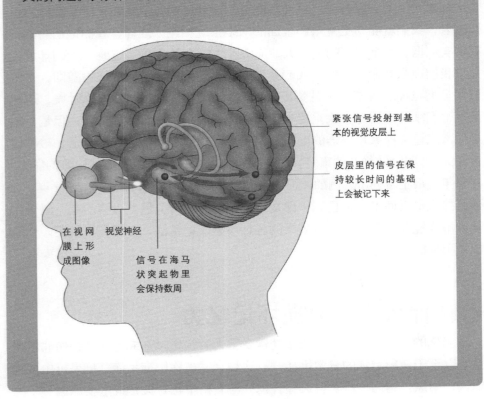

紧张信号投射到基本的视觉皮层上

皮层里的信号在保持较长时间的基础上会被记下来

在视网膜上形成图像

视觉神经

信号在海马状突起物里会保持数周

（一）阿尔茨海默氏综合征的具体状况

乔治亚州大学神经病专家兼该大学阿尔茨海默研究、诊断、治疗项目的带头人罗伯特·格林报告说，年近85岁的人中有一半都会得阿尔茨海默氏综合征，这种疾病会袭击任何人，它虽是慢性病却很致命。目前，年纪超过65岁的人中有10%的人（在全美共有400万）正在遭受与阿尔茨海默氏综合征有关的精神缺失的渐进性损失。让人悲观的是，这个数目估计会像生育高峰或寿命率增长那样大量增长。

这种疾病主要影响海马状突起在大脑侧面脑室壁上的隆起物（海马体），它是位于脑子中部的、很大程度上负责认知和记忆的部分，它也会伤害大脑皮质的神经细胞。表现为无法挽回的记忆损失、方向知觉的丧失、表达困难、平衡困难、智力下降。阿尔茨海默氏综合征会持续3～15年，直到患者死亡。这种病症也是导致老年人死亡的第四大原因（排在心脏病、癌症、中风之后）。阿尔茨海默氏病症源自德国精神病学家阿劳伊斯·阿尔茨海默，那是在为一个"痴呆"的老年妇女做完脑部透视后的1906年，为了描述神经纤维纠结（即不正常纤维）而首次使用的。今天，随着神经想象仪的出现，科学家们也已在阿尔茨海默氏综合征患者中诊断出很多神经末梢退化的人。退化和神经纤维纠结越多的患者，智力及记忆的障碍就越大。一些科学家估计，由淀粉样蛋白组成的神经末梢可能是由蛋白质不均衡所导致的。但是，没有一个实验室测验能诊断阿尔茨海默氏综合征，研究人员正在开发可能透视更加清楚的诊断工具。

大多数阿尔茨海默氏综合征患者是在65岁后才得上此病的；很少有人年轻时就得这种病，因为这与染色体中的基因对（apoE-Ⅳ型）21和14有关。但是，有了这个共同的基因对（人口中有15%的人具有），并不意味着你一定会得阿尔茨海默氏综合征。一些人始终不会得，另一些人只会在其晚年得这种病。所以，科学家相信会有其他的导致此病的原因。被研究的可能的病因中包括"慢病毒"、有毒金属（特别是铝）在大脑中的积淀、自由基所导致的大脑缺损、大脑对信息的反应，及大脑中关键的化学物的缺乏会干扰有利于健康的细胞与细胞间的交流。例如，维生素B复合体之一氯霉素乙酰转移酶的大量下降（高达90）对乙酰胆碱生物合成很重要，已被确诊的一些阿尔茨海默氏综合征患者所证实。

记忆损失能表明许多身体条件的症状，包括营养不良、脉管紊乱、甲状腺功能失常、感染、恶性贫血症、吸毒的负面反应、肿瘤、脑脊髓液不正常和正常衰老。如果你有典型的记忆力问题，例如，忘了你把眼镜放哪了或你的邻居叫什么名字，或者如果你事后还记得事情并感觉你一直都必须还记得，那么你不必担心。阿尔茨海默氏综合征早期的健忘类型要比这种情况更糟糕。如果你不记得你佩戴了眼镜或十分钟前你去了哪里，抑或你忘记了当前的总统是谁，或你的社交能力或智力功能受到危害，那么你应该去踪寻你最信任的医生的建议。尽早诊断出阿尔茨海默氏综合征是非常重要的。

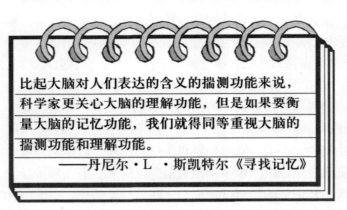

比起大脑对人们表达的含义的揣测功能来说，科学家更关心大脑的理解功能，但是如果要衡量大脑的记忆功能，我们就得同等重视大脑的揣测功能和理解功能。
——丹尼尔·L·斯凯特尔《寻找记忆》

虽然尚未找到治疗阿尔茨海默氏综合征的方法，但是科学家仍然在发展复合治疗方法。这能够给病人和他们的家人带来更多希望。至少有17种药物正处于开发中。"我们花了很久用来理解一些可能的原因，病症的潜在反常现象，并且使用可能有疗效的药物、激素和营养疗法去延缓疾病的扩散。"《大脑康复计划》（1997年）的作者杰伊·龙巴德博士说。

（二）有希望的疗法

在过去20年中投入了大量的精力用来寻找有效的治疗方法以及阻止阿尔茨海默氏综合征的破坏效果。治疗的范围是广泛的。非甾族胺抗炎症药物，例如阿司匹林和布洛芬已经被成功的用于减弱并发症的症状以及减缓蔓延进程。而且抗炎效果更显著。

另外一种药物他克林在1993年已经被美国药品管理局批准。1996年美国药品管理局批准的另一种药物盐酸多奈哌齐正在被许多阿尔茨海默氏综合征患者使用。这两种药物已经被证明，对于中度的症状能够延缓疾病的蔓延，并且能在记忆和认知能力方面提供虽然很小但是有意义的进步。他们通过阻止乙酰胆碱酯酶的功能，即破坏乙酰胆碱酯酶以使得神经递质得以在传送的过程中延续更长的时间。

一种叫作哈伯因（Hyperzine A 或者 Hep A）的药（起源于一种苔藓）对于治疗阿尔茨海默氏病可能也会有一定的疗效。多少世纪以来中国的医生一直在使用这种物质（也是一种乙酰胆碱酯酶抑制剂）作为治疗发炎、发烧和记忆力问题的药物。它被广泛用于健康食品并且经常受到大量的关注。

另外，一种叫作 CX-516（Ampalex）的药物，来自于一种叫作 ampa-kine 的新药。经研究发现它能产生大量的叫作 AMPA-glutamate 的脑神经递质。这种化学物质是神经细胞相互之间传递信息的必要物质。根据 1997 年 1 月的实验神经学杂志上的研究显示，低剂量摄入 CX-516（年龄在 65 至 73 岁）的老年志愿者在一项多样性记忆力测试中与 20 多岁的人的统计数据接近。

雌性激素已经应用于疾病的治疗中，同样，虽然谨慎地讲，雌性激素可能导致乳腺癌和子宫癌。一些研究显示，绝经后的妇女接受激素替代疗法更不容易患阿尔茨海默氏综合征。同时，1979 年的数据集中表明了雌性激素具有提高语言记忆力和语言智商的作用。通过刺激神经末梢和增强神经元，可以减少神经细胞在信息传递过程中产生的有害物质，雌性激素具有多重作用，这给治疗阿尔茨海默氏综合征增添了许多希望。

维生素 E 也有助于阿尔茨海默氏综合征患者减弱记忆力衰退的过程。加利福尼亚大学圣地亚哥阿尔茨海默氏病研究中心的主任莱昂·塔尔博士发现比起那些只接受安慰剂治疗的患者，大剂量服用维生素 E 的患者的寿命能够延长大约 8 个月。维生素 E 与雌性激素一样被认为能够有效清除 Alzheimer 色斑的基细胞。回顾其他有关记忆的疗法和营养发现，请返回第六章自然的营养记忆查询。

（三）健忘症：记忆的缺口、裂缝和孔洞

健忘症——部分或者全部的记忆力缺失可以由多种原因引起。包括头部外伤、由疾病引起的短期药物性退化（例如，阿尔茨海默氏综合征、科萨科夫综合征）、脑炎（大脑的感染）、脑瘤、打击或者某种毫无物理创伤的精神疾病。然而，阿尔茨海默氏综合征是引发健忘征最常见的疾病。多种多样

的情况导致多种不同的记忆力缺失，但是最常见的健忘症形式是伤后顺行性遗忘和未受伤的记忆力减退。在一些病例中，一个病人两种症状都有则成为完全失忆。其他形式的健忘症虽然不常见，称为间歇性完全失忆。这种情况是患者的记忆会出现几秒到几小时的间歇内不会失去意识或者不会受到伤害在另一个健康的中年人中。间歇性完全失忆被认为可能是以为大脑局部临时性的供血不足而引起的，有时发生在打击之前。

科学家们跟随威尔德·彭菲尔德和助手对 20 世纪 50 年代中期合作的一个癫痫病人的里程碑式的著名手术进行了大量的研究。当外科医生为 10 个癫痫病人移除了苹果大小的圆状物体以减轻他们的发病现象时，效果是明显的。虽然他们成功地减轻了病人的症状，但是 10 个人中却有 8 个人失去了记忆能力。其中一位患者知道后来的例如 HM 之类的科学作品也不能有效地建立术后（顺行性遗忘）的记忆系统。他的记忆优先记住手术，而且是完整的，同时他也可能证明一些程序上的记忆（自动学习），但是他可能记不住谁是美国总统（语言记忆），或者在 20 分钟前刚刚和他的妻子庆祝了自己的生日就会忘记（插入式的）。这些病例使得科学家知道移除大脑的海马体和扁桃体颞的前部杏仁状块状灰色物质会导致失忆。然而如果仅仅其中被移除，则记忆功能仍然完好无缺。

（四）注意：你记忆力的红旗

虽然每个人有时都会忘记一些事情，但是如果你有下面症状的两项或者更多，建议你去咨询医生。（资料来源：Emory 医学院，阿尔茨海默氏病临床研究中心。）

- 你无法记住 10 分钟以前你在什么地方
- 你无法说出本周的热点新闻或者记清你昨天是否读过报纸
- 你不知道谁是市长
- 你对于思考相关的复杂的意思有障碍
- 你的词汇量不如过去了
- 你穿衣服有困难
- 你忘记了约会而且记不住你的时间表
- 你变得暴躁而且容易灰心
- 你变得容易幻想或者容易情绪失控

■　你的家人关心你或者你意识到你的工作和社交能力正在减弱

（五）小心：你记忆力的黄旗

轻度的健忘症：比如你忘记了你的眼镜在哪儿或者重复做事的趋势，这通常是健忘症的开始。

- 中断
- 心烦意乱
- 匆忙
- 沮丧
- 烦恼
- 混乱
- 兴奋
- 惊恐

- 易怒
- 身体疲劳
- 精力消耗
- 过量用药或者服用一种固定药物的副作用
- 处于机械或者无心的状态
- 过度工作
- 有药物或者酒精瘾

（六）减少危险：记忆力的绿旗

利用下边提供的技巧，另外还有给美国心理协会的 78 岁老人讲晚年智力管理的 B·F·斯基纳的课程改善健忘症。

- 不要耽搁，现在就做
- 有主意的一直练下去
- 组织你自己
- 把你想记住的东西形象化
- 描绘涉及要点的精神图片
- 运用联想想象和联系的技巧
- 运用接近和上下联系的暗示（例如，折回你的步骤）
- 当你想去记些东西的时候停下你手中的活
- 放松并要有足够的休息
- 吃富含神经营养的食物（见第六章）
- 进行记忆补充
- 训练良好的观察能力
- 写下你的信息并使用外部记忆帮助

■ 不断地复述你脑子里的东西

■ 设立一个样式（例如，总是把你的家门钥匙挂在钩上）

■ 喝大量的水和有规律的锻炼以保持大脑有氧状态

■ 接触新事物、新变更和经常接受挑战

■ 从其他方面获得反馈

■ 玩一些能够增强思维和记忆力的游戏

■ 锻炼记忆力

记忆加速器

在记忆的小路上漫步

　　每个人都喜欢在记忆的小路上一次次地漫步。当你回忆日常的事情和童年的时候考虑一下下边的提示。

■ 在你童年的时候有没有过假想的朋友？是男的还是女的？

■ 当你还是个少年时，最喜欢哪部电影？你认为是什么使它给你留下了如此深刻的印象？

■ 你所做过的最顽皮的事是什么？你被抓住了吗？发生了些什么？

■ 你参加过高中的舞会或者其他大型的舞蹈吗？你和谁一起参加的？你穿的什么？那时你最喜欢的歌是什么？

■ 你是否喜欢你的外公外婆、爷爷奶奶或者某一位亲人？你记得他们最多的是什么？

■ 你生命中的转折或者里程碑式的重大事件是什么？

　　如果你继续你的心路历程，增加一些额外的记忆（当你想到它们），在你了解它之前，你就将写成你的文集。

第九章

35 种全天候最佳记忆技巧

一、吸纳常规放松技巧

　　据来自斯坦福大学医学院研究人员报道，在获悉新事情前有意识地放松全身肌肉或许是最有效提高记忆的途径之一。看来松弛肌肉能减少一个人在获悉事情时常产生的焦虑。一组由 39 名男女志愿者（62～83 岁）参加由这些研究人员指导的提高记忆进程。志愿者们被分成两组。一组队员被教授指导如何放松主要肌肉组织，而另一组只在进行一个 3 小时记忆训练课程前被简单告知如何改变提高对年龄增长的态度。这次试验的结果表明进行肌肉放松技巧指导的一组在对新事情（名字、面貌）的记忆上效率高出 25%。

二、演奏古典音乐

　　加州大学埃尔文学者弗朗西斯·劳舍尔博士、戈登·肖博士在 20 世纪 90 年代早期进行的试验中证实，沉浸于古典音乐尤其是莫扎特作品的人在时空理性能力上表现出非凡的特质。这一发现，被迅速戏称为"莫扎特效应"，引起了全世界极大的兴趣。一些学者，包括《莫扎特效应》的作者唐·坎贝尔，相信欣赏古典音乐会有助于促进记忆和学习；但这一假想还需实验依据证实。

三、利用讲故事的力量

我们言语的记忆随言语的世界而存在。记忆在联想、关联、冲突中活跃。故事在我们的记忆里提供了一个标志或固定信息的原本。这或许有助于解释如果进行几分钟的口头交流——一个故事有定型记忆的效果——人们往往能更好记住刚说过的名字。讲故事作为传承古老文化的习俗逐代承载着记忆。

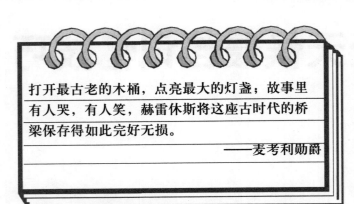

打开最古老的木桶，点亮最大的灯盏；故事里有人哭，有人笑，赫雷休斯将这座古时代的桥梁保存得如此完好无损。

——麦考利勋爵

一个美洲印第安人在"记忆绳索"上扣结以纪念特殊场景的传统提供了这种承载的具体实例。其他的文化如收集纪念品、撰写回忆录，或创建备忘录，都有助于人们记忆。

四、每日依靠记忆术策略

养成用记忆术工具作为规范依据的习惯。有系统的再现记忆作为开始是确保你记事的最好方式。研究表明，用记忆术去记事的人在学习上比仅依靠正常学习习惯的人快 2 ~ 3 倍。

五、详细记述要记忆的事情

日记、航海日志、副本等已被认为是确保准确记忆的重要协助手段。在事情发生后及时做详尽记录是最好的方式。银行出纳员接受训练，在盗窃发生后及时记录，甚至要早于向警察提供记录，因为记忆会发生曲解。举例来说，办公人员简单地列出问题或偷听的评论。船长依据航海法要求做官方航海日志。在法律上，法庭书记员、医生、理疗员均被要求做事件记录。除记录的公正性外，记录这种行为本身促进了你的记忆。这就是做学习笔记及用自己的言语描述主题为什么有用的原因所在。

六、组织你的思考

接受身体言语信息或提供逻辑框架会使记忆变得容易，如果你想记住所有南美洲本土哺乳动物，举例来说，依颜色、栖息地、大小、名称字母开头或食物链为次序，提供及时参考点组织信息能使大脑更易管理信息。

七、用运动去接受身体／脑力系统

运动会提高内部刺激因素。如果你想记住"HOLA"这个西班牙语中的"你好"，用手指抚你的唇（就像意大利人此举意味好一样）并说"Ooh－la－la"。你就正好把一个已知的手势同一个新单词结合起来，当你重复这个动作时你自然会记起这个单词。最近的研究揭示，大脑中两个独立思考的区域（基底核和小脑）因肌肉运动结合起来对协调思考同样重要，运动引起记忆好比味觉、嗅觉、视觉所引起的那样。

八、保持健康模式

身体有病包括较小的状况（如感冒或高血压）会延滞记忆。一项研究发现，在25年以上的时期内高血压患者与正常血压的人相比会失去20%的辨识能力。另一方面，南加州大学的一个研究，70岁的人在一个3年期内坚持身体活动，辨识能力很少会下降。足够的睡眠、营养、饱满的精神是保持心智、身体、记忆健康方式的关键作用因素。

九、当记忆离你而去时，把它找回来

你可以让思绪回到从前，探询一段"失去的"记忆，通过字母表去看是否有一个字母激起一个提示，重新捕捉记忆形成时或简单思考你要找回记忆内容的心境。

十、运用观点策略去记忆一个列表上的条款

去记录一个列表上的条款把它们联系成一个可设想的动作。举例来说，将它们看作一起运动，互相作用，互为影响。把这些条款置于其上，其下，其内，其外，甚至古人都认识到用设想和次序连接信息的重要性——许久以前我们已经认识到左脑记忆序列，而右脑记忆颜色、韵律、面积、抽象事物。这些连接可以是有趣的、不真实的、荒诞不经的；它们不必真实理性，但是你能更容易地回想起具体的以动作为关联的事件。

十一、挑战你自己

大脑在回忆和策略制定的细胞间产生携带信息的神经递质的化学反应。这些神经递质的可实现性——包括记忆构建元素酪氨酸——在大脑中出现、增长，且经常用于解决问题的挑战中。20 世纪 60 年代后半期，在加州大学马里安·迪亚蒙德博士及同事进行的动物实验表明，处在良好环境中的老鼠，能够更好地发育大脑枝状结构，其表现好于没有接受挑战的老鼠。或许，这正是高智商的人经常在记忆测试中成绩卓著的原因——他们有着多于常人的"记忆链条"和神经环相关联的结构——演示记忆的雪球效应及丰富的环境。

十二、保持足够睡眠

缺乏睡眠，尤其在梦境阶段，或许会减少一个人记忆冗杂事物的能力。法国里尔大学的研究表明，思考实际上取决于睡眠以保持高难度记忆任务。梦或许实际上是对学习、回想的补充；又好像是在处理情感，从你冗繁的记忆因素中删除不必要的信息，就像把谷壳从谷物中分拣出来。一些科学家报道说，如果夜间睡眠仅仅两个小时，那么第二天的记忆肯定会减退。

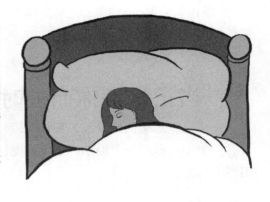

十三、摄取大量维生素

波士顿研究中心主席维农·马克博士的报告中说，对记忆损害及精神错乱有益的食物和良好的营养的最低摄取线是建立在病理状况分析之上，而不是被精神所左右。许多营养学家、健康专家以及科学家提倡补充健康的营养、均衡饮食。在此过程中，应特别注意维生素B，因为它能保持健康大脑的免疫力；维生素C也同样重要，它能辅助产生对记忆至关重要的神经递质。一个对260位年龄高于60岁的老人的研究表明，营养对记忆有巨大的效应。那些各种营养物摄入量最低的人在记忆测试中得分最低。一个对英国健康儿童的研究发现在8个月时期内，简单摄取多种维生素的人智商增长了近10个百分点。营养缺乏是微妙、不易察觉的。

十四、吃得少而精，饮用足够的水

选择低脂肪、低卡路里的食物。科学家对刚吃过饭的人做脑力技巧测试，摄入量超过1000卡路里的人比300卡路里的人在出错率上要高出40%。低脂肪、高蛋白的食品有鸡肉（无皮）、鱼类、贝类、瘦牛肉。低脂肪蔬菜蛋白来源包括炸豆类；低脂制品包括低脂乳酪、无脂奶等。我们的心智与饮食有太多的联系，不用再过于强调营养及其对大脑功能作用的重要性。饮用足量的水有助于消化和呼吸，且能增加血液含氧量，保持细胞健康。

十五、考虑采取记忆补品

大脑生化功效的增长使记忆营养品成为增进脑力功能的有效方式。目前市场上或试销阶段有100多种增强神经功能的营养品。一些在世界各地的健康食品店也有销售。卵磷脂、磷脂酰丝氨酸、苯基丙氨酸都是记忆力营养品中的主要元素，它们在学习和记忆上也显示了非常重要的功能。（见第六章）

十六、用新鲜事物刺激自己

研究显示人们往往对新接触的事物记得更好。陌生的刺激会激发记忆，推动神经的发射和释放。

十七、吸引你的情感

情感在大脑记忆系统中作用非凡。研究表明与情感关联的事件能促进记忆。悲伤的情感似乎更易唤起，但所有满载情感的经历要远比平淡经历更易被唤起。

十八、分解信息，特别是数字

当信息被分成不同的有意义的团块，那么这些任意的信息碎片会更容易记忆。举例来说，电话号码、社会保险号，还有账户号都可以分成3或4位为一组的小数字串。将车牌号上的号码分成字母和数字部分，并分别记忆，中间再加个空格，这样不就更容易记忆吗？

> 我无法记住单词，我不得不记忆我对各个单词产生的感觉。
>
> ——玛莉琳·曼罗

十九、用韵律、缩写词、离合诗

就像以下的例子说明的那样，我们的记忆也喜欢提示和鼓励。韵律：例如，我们用"Red, Right, Return"来提醒在船向左转时，舵水手们把救生圈存放在他们的右舷边。缩写词：例如，HOMES，可以提示你五大湖的名字：休伦湖，安大略湖，密歇根湖，伊利湖和苏必尔湖（Huron, Ontario,

Michigan, Erie, Superior)；离合诗：例如，King Philip Came Over For Ginger Snaps Prompts us that plants and animals are classified by their Kingdom, Phylum, Class, Order, Family, Genus, and Species. (菲利浦国王走过来取姜汁饼干，并说植物和动物可通过它们的王国、语群、等级、秩序、家庭、种类来分类)

二十、利用独立状态记忆

用一种心智状态或外部环境记忆所学的知识，你会最好地记忆与其相似的情景。那就是，如果你在准备考试的学习中喝了咖啡，那么当你学习时要准备好喝咖啡。与此相似，当你心情不好时，悲伤的事情很易唤起；而当你心情舒畅时，快乐的事情则很易唤起。

二十一、用喜欢的记忆情态

你学习／记忆时喜欢什么情态，对其加以利用。视觉型学习者从写的提纲、脑中勾画的印象中受益；听觉型学习者从交谈中学习受益。我们都是感知型学习者，这意味着我们的记忆会随着我们接触的事物而增加。经历，尤其是真实生活经历以及游览、运动及艺术对记忆过程作用非凡。

二十二、相互影响材料促进概念

通过探寻已知的和新的信息的关系，给你想要记住的信息不断灌输含意。对事情作个人判断，会大大增长记事的机会。如简述，重述，问题，勾画，表演，唱歌，联想，操控，讨论。

二十三、发展敏锐的感官意识

许多记忆力好的人或熟知记忆技巧的人都有了不起的感知能力。训练你自己的精确的观察能力（就像第九章中讲的）并通过调整你的感觉来集中你的注意力。漫无目的地看或听而不是真正仔细地看或听是造成记忆力不好的主要原因。当你想要记住某事，停顿一会儿，调整一下，并注意你要回忆哪些要点。

二十四、发展明确的心智态度

用积极肯定的言语如"如果我有方法，我敢打赌我能记住它"去替代消极的态度，如"我太老，记不住这样的事情"。检查你的自我怀疑和心智障碍，它们绝大多数建立在年轻、不真实或无成效的基础之上。

二十五、训练及时行动

训练自己记起一件事时马上去做。如果你想起打电话，现在就打。如若不能，给自己做一个提示物加以刺激，如在家用回复机旁留下信息，写下留言，或把手机放在明显的位置。

二十六、做间歇回顾

每小时、每天、每周或每月做回顾，通过不间断的学习，信息会被牢记。花越多时间去记忆概念或技巧，记忆就变得越牢固。古代谚语"熟能生巧"说的就是这个道理。

二十七、试试葡萄糖

葡萄糖，三种单糖中的一种（其他两种是果糖和半乳糖），它是大脑能量的主要源泉。如果血液中缺少葡萄糖，你的大脑就不能达到它该达到的效能极限。一些研究下结论说，在学习中或学完新东西之后吃点糖有助于你记忆新东西。而葡萄糖正是糖中发挥这种作用的要素。

但是糖吃多了有害。一些研究发现，高糖的饮食与小孩的多动症和学习混乱有关，与成人的肥胖症及其他健康问题有关。含有天（门）冬氨酰苯丙氨酸甲酯（一种约比蔗糖甜200倍的甜味剂）的饮料，也不鼓励当作糖的替代物使用。许多麻烦的健康状况，包括记忆损失，可能与消耗化学制品上瘾有关，这对糖尿病患者和孕妇或哺乳期的妇女及其婴儿都有危害。美国食品及药物管理局最新批准的被称作Stevia的甜食品，没有副作用并可以帮助体内糖分新陈代谢。当你急需补充能量时，从饮食中摄取糖分最好的方式是吃含碳水化合物的快餐：饼干、糖果、苏打都富含碳水化合物。果糖（取自水果）作为补充记忆力的来源是不够有效的，因为它不能直接穿过血脑屏障。

二十八、做规范运动

除了能够增加你的体力外，规范的运动还保证对大脑健康血氧供给而有助于保持记忆的构建。这也刺激了健康放松，增加了快乐感，愉悦促进神经递质，是积极学习和记忆的先兆。补充说明，研究表明运动也会激起身体产生大脑派生神经因素——至少8个人类增长因素，它们可能会在抑制阿尔茨海默氏综合征、帕金森氏综合征和路盖里格氏综合征，在增加学习能力方面起作用。

二十九、避免服用引起瞌睡的物质

让大脑昏迷的物质，包括酒精、苯二氮平类（用于治疗忧虑），还有许多"娱乐"药剂，阻碍你的大脑并使记忆最低效率运行。如果你想放松，吃些具有自然镇静作用的色氨酸的糖类食品。

三十、记住首尾记忆原则

要特别留意学习过程的中间阶段，因为大脑更倾向于记忆事情的开头和结尾。在简单实验中，这一自然倾向性是显而易见的。自己试一试。给朋友一个有20个词垂直排列的表单，让他去记尽可能多的词。当你随后提问时，留意忘却的词，看有多少是处在表单的中间位置。

三十一、意识你的起伏周期

我们的心身控制着周期。一天中会经历 90 ~ 100 个每个长达 20 分钟的休息——活跃周期循环。我们的智力表现，还有其他功能如做梦、压力控制、脑半球支配及免疫系统活动直接与此基础相联系。为了提高记忆力，我们要注意周期的交替。当周期处在上升期时，我们可以去完成任务；当处于下降期时，精神上和身体上的表现就差强人意了。

三十二、运用全脑思考策略

用你的右脑、左脑两个半球：芝加哥大学杰尔·勒维博士说如果你做一项简单的任务只用一个脑半球，注意力集中区域很小，当有复杂、新颖、挑战时，两个脑半球均被运用，那么极佳的大脑状态就会出现。当两个脑半球同步运行时，大脑巅峰效果更易实现。

三十三、运用积极的想象力

将抽象的信息视觉化为具体的印象是许多记忆术的基础。运用到想象力的一种方法是将你想要记住的事物在脑海中"快照"下来：聚焦，成像，然后说："这东西值得一记。"另一种记忆工具是视觉化能帮助你放松的事实和期望的东西。放松警觉的状态最有利于学习。印象化可以改变体内化学成分并更好地控制身体／大脑。请允许你活跃的想象力任意创造乐趣、幽默、荒谬和虚幻。这些印象将会强而有力。再将它们色彩化、三维化、动感化、动作化、现实化或虚拟化。想象力只属于你自己：将它组织好，是你将来学习恢复记忆的有力手段。

三十四、使用位置关联词

把你要记忆的事物同你身体或住所特别的部分联系起来。试一下：找到你要记住的 10 件物品，将列表上的第一件物品与头顶联系起来。从眼睛往下数，鼻子、嘴唇、喉咙、胸腔、腹部、臀部、大腿等等，把信息同这些可联想的事物联系起来。当你要记住一个信息时，你的位置关联词会激起回忆。

三十五、给大脑休息时间

给你的大脑以休息时间：为了功能最佳化，大脑需要休息时间以巩固记忆。如果你不给大脑规律的休息，尽管你仍然可以学习，但不会颇有成效。休息时间的数量、长短取决于信息的复杂性和新奇性以及个人以前对信息掌握的多寡。一个很好的规范是，每学习 10 ～ 50 分钟，休息 3 ～ 10 分钟。

附　录

答案要点

（一）字谜答案（第20页）

■ 横排

1. 三下五除二

2. 手无寸铁

3. 半斤八两

4. 好事多磨

5. 众里寻他千百度

6. 借刀杀人

7. 针锋相对

8. 如饥似渴

9. 不欢而散

10. 水落石出

11. 非一日之寒

12. 火中取栗

■ 竖排

一、他山之石

二、度日如年

三、三番两次

四、大刀阔斧

五、事在人为

六、火上浇油

七、铁杵磨成针

八、不寒而栗

（二）记忆赛前练习测验答案（第33页）

1. 红色；2. sprite；3. 看看；4. 看看。

（三）压力测试结果（第126～127页）

生活变化系数标准由华盛顿大学医学院的福尔摩斯博士和其同事发明，它能测试出最近生活中的压力可能会带来的疾病。下面列出的是分数段以及未来两年内可能会带来的疾病。这个测试只是对与变化有关的压力的总体评估：它并不绝对，因为不同的人有着不同的健康状况，且对压力有着不同的反应。但是，如果你的分数达到了最高的两个阶段，那你就应该考虑考虑压力水平并赶快减压了。

分数段

0～149　没有大问题。

150～199 很小的生活危机水平，37%的得病概率。

200～299 中等生活危机水平，51%的得病概率。

300或以上 生活危机严重，79%的得病概率。

术语表

AAMI（与年龄有关的记忆损伤）——50 岁以上的人产生的记忆混乱。最近的研究表明有这种症状的人更有可能患上阿尔茨海默氏综合征。

Acetylcholine 乙酰胆碱——与长期记忆有关的一种常见神经递质。

Acrostics 离合诗——利用诗歌或多行文字的一种记忆术。一行文字中的某些字母组成了名字或格言等等。

ACTH 促肾上腺皮质激素——脑垂体受压力或强烈感情刺激而释放到血液中的一种物质。

Adrenaline 肾上腺素——肾上腺受危险刺激而释放到血液中的一种物质。当到达肝脏时会刺激葡萄糖的分泌，产生快速能量。也叫 Epinephrine。

Amnesia 健忘症——记忆或回想功能的部分或全部丧失。

Amygdala 杏仁核——一些相关细胞核形成的杏仁状复合物，位于脑边缘系统或脑中部区域。是形成感官的重要物质，主要功能可能是将感情带入记忆。（见第一章中的说明）

Antioxidants 抗氧化剂——"从废物中提取、抑制、吸收"自由基的化学或营养物质。

Blood Brain Barrier 血脑屏障——阻止（或减缓）不合适物质进入大脑血管的保护性过滤机制。

Brain-Derived Neurotrophic Factor(BDNF) 脑源性神经生长因子——刺激神经突触（生长中的，携带细胞信息的神经细胞突起物）生长的天然荷尔蒙。它是一种生长因素，科学家正在对它的医学潜能进行研究以便保持老年人的功能。它已经显示出治疗帕金森氏综合征和阿尔茨海默氏综合征的希望。

Cerebral Cortex 大脑皮层——由神经细胞组成的大脑最外层，约 4 英寸厚，大脑大部分高级能力集中于此。它分为两个半球和四个叶，每一个区域分管不同的任务——尤其与混合记忆存储有关。（见第一章中的说明）

Cerebrum 大脑——脑部最大的组成部分，分为两个半球和四个叶——前叶、枕叶、颞叶和顶叶。（见第一章中的说明）

Chunking 团块法——一种记忆术。将一条信息分成数字组（或词汇组）

以便回想（如，将电话号码分开）。

Cortisol 皮质（甾）醇——肾上腺产生的一种皮质甾类物质；由压力刺激释放。帮助葡萄糖、蛋白质和脂肪的新陈代谢；并控制免疫系统。

Cryptomnesia 潜隐记忆——对记忆源的误解或记忆没有发生的事的倾向。Cryptomnesia 在希腊语中是"被隐藏的记忆"的意思，不管我们认为自己有多精明，潜隐记忆都会在我们身上不同程度地发生。

Dopamine 多巴胺——儿茶酚胺荷尔蒙的一种，是有力且常见的神经递质。与产生好情绪和好感觉有关。它影响着神经和心血管系统，新陈代谢速度和体温；而且被认为在运动中有一定作用。与去甲肾上腺素相似。

Eidetic Memory 清晰记忆——将精确的印象复制到记忆中（余像），以便短时间内详细地唤起和描述印象的能力。也称作照相记忆。

Encoding 编码——神经细胞活动将感知"封存"和连接，形成潜在记忆的过程。

Engram 记忆的痕迹——记忆的生物基础，存在于神经细胞网络，是记忆巩固的结果。信息单元通过编码减小电刺激的阻力或提升其传导力以便更好地发挥神经递质的作用。

Epinephrine 肾上腺素——见 Adrenaline。

Episodic Memory 情节记忆——对过去生活片段的记忆。

False Memory 错误记忆——记忆的与真实事件不同；或错认人或事。

Free Radicals 自由基——包含不对称电子的分子或分子碎片，创造了非常活跃的不平衡结构。

Frontal Lobe (s) 前叶——大脑的 4 个主要区域之一，位于大脑上部，与智力功能有关，包括思考过程、行为和记忆。（见第一章中的说明）

Glucocorticoids 肾上腺皮质激素——肾上腺皮层产生的一组类固醇，控制着体内碳水化合物、脂肪和蛋白质的新陈代谢；并影响着中枢神经系统功能和免疫系统反应。

Glutamate 谷氨酸盐——体内每个细胞中都含有的一种氨基酸；在神经系统中起到快速的兴奋的神经递质的作用。

Hippocampus 海马体——颞叶下位于脑边缘系统中的一种月牙形结构，

可能是学习能力区域。同样起到对永久记忆的巩固作用。（见第一章中的说明）

Hypermnesia 记忆增强——终极或额外记忆能力的现象。

Hypothalamus 视丘下部——一种复杂的类似于温度调节装置的结构，位于大脑中部区域，影响和控制着食欲、荷尔蒙分泌、消化、性欲、体循环、感情和睡眠。

Loci 位置法——最早由希腊、罗马演说家记录的古老记忆术，利用熟悉的位置指令信息团块在脑中形成视觉印象并加以唤起。

Long-Term Potentiation（LTP）长时程增强——由电刺激创造记忆的形式，海马体内（或许是大脑其他区域）产生了长期的神经键活动提升。这说明神经键可以通过经验转化，长时程增强发生后信号可以更好地通过路径。

Mild Cognitive Impairment（MCI）轻度认知障碍——大脑功能基本保持完整，但超过平均与年龄有关的记忆损伤程度。可能是阿尔茨海默氏综合征的先兆。另见与年龄有关的记忆衰退。

Mnemonics 记忆术——帮助记忆的策略和技巧。

Multi-Tasking 多元任务——同时操作多项任务或在他们之间快速转换的能力。在健康的老年人中这种能力的衰退是主要的记忆问题。

Neurons 神经元——两种神经细胞的一种；另一种是神经胶质。

Neurotransmitters 神经递质——神经元之间传递神经信号的生化物质分子。超过 50 种不同类型神经递质的平衡对良好大脑功能有重要作用。它的缺乏会干扰行为、情绪和记忆。科学家假定我们体内的化学物质是以后引起记忆唤起的重要元素。

Nootropics 促智药——字面上是"向着大脑"的意思：促进学习能力和记忆力的一种药物（通常是吡咯酮派生物，如 Piracetam）。

Noradrenaline 去甲肾上腺素——Norepinephrine 的另一个名字。

Norepinephrine 去甲肾上腺素——一种常见的儿茶酚胺系神经递质。由肾上腺分泌，主要参与维持血压。它还影响着"挑战或逃避"反应、新陈代谢速度、体温、感情和情绪。与肾上腺素相似。

Occipital Lobe（s）顶叶——大脑四个主要区域的一个，位于大脑边缘，对形成视觉有重要作用。另外 3 个区域是前叶、枕叶和颞叶。（见第一章中的

说明）

Parietal Lobe（s）枕叶——大脑四个主要区域的一个，位于大脑顶端，对接收身体另一侧的感官信息有重要作用。对阅读、写作、语言和计算也有作用。另外 3 个区域是前叶、顶叶和颞叶。（见第一章中的说明）

Peptides(or Peptide Molecules)缩氨酸（分子）——血液中的一类荷尔蒙。由氨基酸链组成并传递描述、情绪、思想和记忆方面的信息。

PET Scan（Positron Emission Tomography）正电子发射断层显像扫描——科学家检测大脑活动（或缺乏）的一种计算机影像技术。放射性物质进入血液并随之运动，因为能量在大脑负责思考、记忆或感情结合等区域被运用。

Serotonin 血液中的复合胺——一种常见的神经递质，主要负责调控情绪和睡眠。抗抑郁病药通常会抑制血液中复合胺的吸收，使它更活跃。

Synapse 神经键——神经细胞间相互联系，由神经递质刺激的枝状体与轴突相联系的交汇点。

Synesthesia 副感觉——一种罕见状态（估计 50 万人中有一例）：一个人的感知不知不觉中相交。因此，此人会将特定的词汇、声音或物品与颜色、味道或形状相联系，最终导致终极记忆能力，但经常伴随着生活其他方面的困难。

Temporal Lobe（s）颞叶——大脑中的一个主要结构，位于大脑靠耳部的中间，对听觉、语言、学习和记忆储存有重要作用。其他主要区域包括前叶、枕叶和顶叶。（见第一章中的说明）

Thalamus 丘脑——关键的感官传送站，位于脑中部区域深处。（见第一章中的说明）